ANÁLISE SENSORIAL APLICADA A SABORES E TEXTURAS DE PRODUTOS DE PANIFICAÇÃO E CONFEITARIA

Editora Appris Ltda.
1.ª Edição - Copyright© 2025 dos autores
Direitos de Edição Reservados à Editora Appris Ltda.

Nenhuma parte desta obra poderá ser utilizada indevidamente, sem estar de acordo com a Lei nº 9.610/98. Se incorreções forem encontradas, serão de exclusiva responsabilidade de seus organizadores. Foi realizado o Depósito Legal na Fundação Biblioteca Nacional, de acordo com as Leis nos 10.994, de 14/12/2004, e 12.192, de 14/01/2010.

Catalogação na Fonte
Elaborado por: Dayanne Leal Souza
Bibliotecária CRB 9/2162

A532a 2025	Análise sensorial aplicada a sabores e texturas de produtos de panificação e confeitaria / Márcia Arocha Gularte, Lucíla Vicari, Roberta Bascke Santos (orgs.). – 1. ed. – Curitiba: Appris, 2025. 155 p. : il. ; 23 cm. – (Geral). Vários autores. Inclui referências. ISBN 978-65-250-7618-8 1. Métodos tradicionais e rápidos. 2. Condições de aplicação. 3. Inteligência artificial. 4. Insights. 5. Multissensorialidade. I. Gularte, Márcia Arocha. II. Vicari, Lucíla. III. Santos, Roberta Bascke. IV. Título. V. Série. CDD – 641.3

Livro de acordo com a normalização técnica da ABNT

Appris
editorial

Editora e Livraria Appris Ltda.
Av. Manoel Ribas, 2265 – Mercês
Curitiba/PR – CEP: 80810-002
Tel. (41) 3156 - 4731
www.editoraappris.com.br

Printed in Brazil
Impresso no Brasil

Márcia Arocha Gularte
Lucíla Vicari
Roberta Bascke Santos
(org.)

ANÁLISE SENSORIAL APLICADA A SABORES E TEXTURAS DE PRODUTOS DE PANIFICAÇÃO E CONFEITARIA

Appris
editora

Curitiba, PR
2025

FICHA TÉCNICA

EDITORIAL — Augusto Coelho
Sara C. de Andrade Coelho

COMITÊ EDITORIAL E CONSULTORIAS

Ana El Achkar (Universo/RJ)
Andréa Barbosa Gouveia (UFPR)
Antonio Evangelista de Souza Netto (PUC-SP)
Belinda Cunha (UFPB)
Délton Winter de Carvalho (FMP)
Edson da Silva (UFVJM)
Eliete Correia dos Santos (UEPB)
Erineu Foerste (Ufes)
Fabiano Santos (UERJ-IESP)
Francinete Fernandes de Sousa (UEPB)
Francisco Carlos Duarte (PUCPR)
Francisco de Assis (Fiam-Faam-SP-Brasil)
Gláucia Figueiredo (UNIPAMPA/ UDELAR)
Jacques de Lima Ferreira (UNOESC)
Jean Carlos Gonçalves (UFPR)
José Wálter Nunes (UnB)

Junia de Vilhena (PUC-RIO)
Lucas Mesquita (UNILA)
Márcia Gonçalves (Unitau)
Maria Margarida de Andrade (Umack)
Marilda A. Behrens (PUCPR)
Marília Andrade Torales Campos (UFPR)
Marli C. de Andrade
Patrícia L. Torres (PUCPR)
Paula Costa Mosca Macedo (UNIFESP)
Ramon Blanco (UNILA)
Roberta Ecleide Kelly (NEPE)
Roque Ismael da Costa Güllich (UFFS)
Sergio Gomes (UFRJ)
Tiago Gagliano Pinto Alberto (PUCPR)
Toni Reis (UP)
Valdomiro de Oliveira (UFPR)

SUPERVISORA EDITORIAL — Renata C. Lopes

PRODUÇÃO EDITORIAL — Maria Eduarda Pereira Paiz

REVISÃO — Simone Ceré

DIAGRAMAÇÃO — Andrezza Libel

CAPA — Lívia Costa

REVISÃO DE PROVA — Ana Castro

AGRADECIMENTOS

Este livro é resultado da colaboração entre pesquisadores, instituições e parceiros do setor produtivo, a quem expressamos nosso reconhecimento.

Agradecemos à Duas Rodas Industrial S.A., cuja parceria viabilizou este projeto no âmbito do edital CIT 01/2020 MAI/DAI, fomentando a interação entre academia e indústria. Este programa tem como objetivo fortalecer a pesquisa, o empreendedorismo e a inovação nas Instituições de Ciência e Tecnologia (ICTs), promovendo a integração entre universidade e empresa e incentivando a participação de estudantes em projetos de interesse do setor empresarial.

Nosso reconhecimento também ao Conselho Nacional de Desenvolvimento Científico e Tecnológico (CNPq) pelo apoio financeiro por meio de bolsas de doutorado e iniciação tecnológica, fundamentais para a criação e aplicação de novos conhecimentos em contextos industriais.

Dessa forma, reafirmamos nosso compromisso com a transferência e disseminação do conhecimento científico e o avanço da inovação.

SUMÁRIO

CAPÍTULO 1

INTRODUÇÃO... 9
Lucíla Vicari
Márcia Arocha Gularte
Roberta Bascke Santos

CAPÍTULO 2

AVALIADORES E LABORATÓRIO..13
Lucíla Vicari
Márcia Arocha Gularte
Roberta Bascke Santos
Tatiane Godoy Ribeiro

CAPÍTULO 3

MÉTODOS DESCRITIVOS E AFETIVOS TRADICIONAIS.................... 33
Aline Machado Pereira
Bianca Pio Ávila
Estefania Júlia Dierings de Souza

CAPÍTULO 4

MÉTODOS RÁPIDOS E TEMPORAIS 47
Ana Carla Marques Pinheiro
Aline Machado Pereira
Bianca Pio Ávila
Carlos Iván Méndez Gallardo
Jéssica Sousa Guimarães
Layla Damé Macedo
Matilde Viviana Escamilla Morón
Michele Nayara Ribeiro
Sophia dos Santos Soares

CAPÍTULO 5

PERFIL DE TEXTURA EM TEXTURÔMETRO 99
Camila Castencio Nogueira
Layla Damé Macedo
Márcia Arocha Gularte

CAPÍTULO 6
INTELIGÊNCIA ARTIFICIAL 109
Ana Carla Marques Pinheiro
Michele Nayara Ribeiro
Danton Diego Ferreira

CAPÍTULO 7
MARKETING SENSORIAL EM ALIMENTOS 143
Luiz Fernando de Aguiar

SOBRE OS AUTORES 151

CAPÍTULO 1

INTRODUÇÃO

Lucíla Vicari
Márcia Arocha Gularte
Roberta Bascke Santos

A análise sensorial é uma ciência fundamental para a indústria de alimentos, pois através dela é possível avaliar a aceitação e preferência mercadológica de um determinado produto, propor mudanças na formulação e/ou no processamento. Podem-se resolver problemas que ocorrem no processo de produção, avaliar e selecionar as matérias-primas que serão usadas para elaboração de um produto, desenvolver novos produtos, estudar efeitos de processos utilizados, estudar a estabilidade do produto durante o armazenamento, determinar sua vida útil, determinar a qualidade de um produto e estreitar caminhos para os interesses do consumidor, que está cada vez mais exigente em busca de alimentos de qualidade sensorial.

A qualidade sensorial não é uma característica própria do alimento, mas sim o resultado da interação entre esse alimento e o consumidor. É uma resposta individual, que varia de pessoa para pessoa, em função das experiências, de expectativas, do grupo étnico e de preferências individuais. As características sensoriais são aquelas responsáveis pela fidelidade do consumidor, se elas não se encontram de acordo com o que eles desejam, não haverá a reaquisição do produto. Para que isso aconteça, a indústria deve se preocupar em utilizar os métodos existentes em análise sensorial, evitando que ocorra resultados errôneos e que não alcance o sucesso esperado do produto.

Dentro da análise sensorial existem diversos métodos e testes, dentre os quais frequentemente se classificam entre os discriminativos, os descritivos e os afetivos. Os discriminativos são utilizados quando se quer diferenciar as amostras, indicam se existe ou não diferença entre elas. Os descritivos são testes que caracterizam e descrevem as propriedades sensoriais do produto, qualificando e quantificando os seus atributos, baseados em componentes como aparência, odor, textura e sabor do produto que está sendo avaliado. Já os afetivos são importantes ferramentas, pois acessam diretamente a opinião do consumidor, sua preferência e/ou aceitação, ou o potencial de um produto, por isso são também chamados de "testes de consumidor". Novos métodos mais flexíveis têm função importante no progresso da ciência sensorial, para uma rápida descrição dos produtos e no entendimento sobre hábitos, ocasiões e contextos de consumo e das respostas de diferentes segmentos de consumidores.

As indústrias vivem uma época de constante mudança e de rápido crescimento, devido não só à crise mundial em que se vive, como também ao desenvolvimento tecnológico e à elevada concorrência entre as empresas. Dessa forma, estas devem apostar em técnicas que contribuam para o seu sucesso, e para a relação com o consumidor. É exemplo a técnica do uso de experiências emocionais sensoriais, que comunicam com o consumidor através dos cinco sentidos humanos.

Para a indústria de panificação e confeitaria, a avaliação dos sabores e textura dos produtos tem diversas funções, destacando-se, entre outras, no controle da matéria-prima e do processo de fabricação, quando há mudanças de ingredientes ou equipamentos; no controle do produto acabado; no desenvolvimento de novos produtos e nas alterações na formulação. Independentemente da sua definição, o fato é que a textura é, muitas vezes, a característica determinante da aceitabilidade dos produtos pelo consumidor.

O uso de imagens, ilustrações e chamadas de texto é cada vez mais empregado para informar o consumidor sobre a textura dos produtos disponíveis no mercado, influenciando na decisão final de compra. E esta informação também é necessária para que o consumidor entenda o conceito e saiba o que esperar do produto, as características de textura ajudam o consumidor a escolher produtos adequados às suas preferências de sabor. A textura é destacada como uma das ferramentas mais recentes para envolver os sentidos e oferecer experiências dignas de serem compartilhadas. O som, a sensação e a satisfação que a textura de alimentos fornece se tornarão mais importantes para empresas e consumidores. A textura é a próxima característica da formulação que pode ser alavancada para proporcionar aos consumidores experiências interativas. A busca de experiências proporcionará oportunidades para alimentos multissensoriais que usem textura inesperada para surpreender aos seus consumidores, especialmente adolescentes e jovens.

Referências

ASSOCIAÇÃO BRASILEIRA DE NORMAS TÉCNICAS. *ABNT NBR ISO 5492*: Análise Sensorial - Vocabulário. Rio de Janeiro: ABNT, 2017.

GULARTE, M. A.; ÁVILA, B. P.; DIERINGS, E. J.; PEREIRA, A. M. *Manual prático de análise sensorial*: arroz e feijão. Pelotas: Santa Cruz, 2017. 92p.

GULARTE, M. A.; ÁVILA, B. P.; PEREIRA, A. M.; SOUZA, E. J. D. *Guia prático de análise sensorial em grãos*: arroz e feijão. Pelotas: Santa Cruz, 2019.

INSTITUTO ADOLFO LUTZ. Análise sensorial. *Métodos físico-químicos para análise de alimentos*, n. 1, p. 42, 2008. Disponível em: http://www.ial.sp.gov.br/resources/editorinplace/ial/2016_3_19/analisedealimentosial_2008.pdf. Acesso em: 30 ago. 2024.

MANCEBO, C. M.; RODRIGUEZ, P.; GÓMEZ, M. Assessing rice flour-starch-protein mixtures to produce gluten free sugar-snap cookies. *LWT - Food Science and Technology*, Estados Unidos, v. 67, n. 3, p. 127-132, 2016. DOI: https://doi.org/10.1016/j.lwt.2015.11.045.

STONE, H.; SIDEL, J. L. *Sensory Evaluation Practices*. 4. ed. New York: Elsevier Academic Press, 2012. 446 p.

VICARI, L. *Desenvolvimento de programa de treinamento para avaliadores especialistas em textura de sucos, néctares e bebidas vegetais*. 2019. Dissertação (Mestrado em Ciência e Tecnologia de Alimentos) – Programa de Pós-Graduação em Ciência e Tecnologia de Alimentos, Faculdade de Agronomia Eliseu Maciel, Universidade Federal de Pelotas, 2019. Disponível em: dissertacao_lucila_vicari.pdf. Acesso em: 30 ago. 2024.

VICARI, L. O som, a sensação e a satisfação da textura em alimentos e bebidas. *Duas Rodas Blog*, Jaraguá do Sul, 4 nov. 2020. Disponível em: https://www.duas-rodas.com/blog/textura-em-alimentos-e-bebidas/. Acesso em: 30 ago. 2024.

CAPÍTULO 2

AVALIADORES E LABORATÓRIO

Lucíla Vicari
Márcia Arocha Gularte
Roberta Bascke Santos
Tatiane Godoy Ribeiro

PAINEL SENSORIAL

Um painel sensorial é definido como um grupo de pessoas que trabalham em conjunto para um estudo ou projeto sensorial. Constitui um verdadeiro "Instrumento de medida", e, consequentemente, os resultados das análises realizadas dependem de seus membros.

A análise sensorial pode ser realizada por meio de três tipos de avaliadores:

1. "Avaliadores sensoriais": são todas as pessoas que participam de um teste.

2. "Avaliadores sensoriais selecionados": são selecionados por sua capacidade de realizar um teste sensorial.

3. "Avaliadores sensoriais especialistas": são selecionados com demonstrada sensibilidade, com treinamento e experiência em testes sensoriais. Capazes de fazer avaliações sensoriais consistentes e repetitivas de diversos produtos.

Painéis sensoriais que participam de testes discriminativos e/ou descritivos são denominados painéis sensoriais treinados ou analíticos, enquanto as pessoas que participam de testes afetivos formam parte dos painéis sensoriais de consumidores ou afetivos.

No mercado de alimentos e bebidas, a maioria das empresas investe em tempo e recursos na formação de seu painel de avaliadores treinados. O recrutamento de pessoas dispostas a participar de um painel precisa, portanto, ser realizado com cuidado e recomenda-se que seja considerado como um investimento, tanto financeiro como de tempo. Para ser eficaz, é fundamental o apoio dos gestores da organização.

O tipo de treinamento a ser feito e sua abordagem dependem do tipo de teste a ser realizado. Existem treinamentos específicos para cores, gostos, odores e textura, assim como para habilidades discriminativas e descritivas. Independentemente do tipo de painel, há toda uma sequência de etapas que abrange desde a formação do painel até o gerenciamento do seu desempenho. Esta sequência deve iniciar-se com o recrutamento e pré-seleção, seguido pela seleção e treinamento, escolha final dos painéis de acordo com o método (avaliadores selecionados), formação de especialistas (avaliadores especialistas), monitoramento e teste de desempenho, e, por fim, gestão e acompanhamento do grupo/painel.

A etapa de treinamento dos avaliadores tem a função de proporcionar os conhecimentos básicos dos procedimentos utilizados na análise sensorial e desenvolver suas habilidades para detectar, reconhecer, discriminar cores, odores, sabores e texturas e descrever estímulos sensoriais. Os avaliadores devem ser instruídos e treinados para serem objetivos e desconsiderar suas preferências e rejeições.

O líder do painel é responsável pelo monitoramento geral do grupo de avaliadores e pela sua formação. Os avaliadores não são responsáveis pela escolha dos testes utilizados, a apresentação das amostras ou pela interpretação dos resultados. Essas questões são de responsabilidade do líder do painel, que também decide quanta informação é dada ao painel.

RECRUTAMENTO E PRÉ-SELEÇÃO DE AVALIADORES

Recrutamento

Dois tipos de recrutamentos podem ser utilizados:

- recrutamento interno, realizado pelo departamento pessoal da empresa;
- recrutamento externo, que consiste em recrutar pessoas de fora da empresa.

Ainda, é possível constituir um painel misto de ambos os tipos, usando o recrutamento interno e externo, em proporções variáveis. Empresas podem querer usar painéis internos ou externos independentes para diferentes tarefas. As vantagens e desvantagens do recrutamento interno e externo estão apresentados na Tabela 1.

Tabela 1 – Vantagens e desvantagens do recrutamento interno e externo

RECRUTAMENTO INTERNO	
Vantagens	**Desvantagens**
• As pessoas já estão no local. • Não é necessário prever uma remuneração (no entanto é desejável haver outro tipo de compensação). • Assegura-se uma maior confidencialidade dos resultados, o que poderá ser importante se for um trabalho de investigação. • O painel é estável ao longo do tempo.	• Problemas relacionados com a hierarquia da organização. • Conflito de prioridades. • Possibilidade de escolha menos alargada. • Os candidatos são influenciados nos seus julgamentos (pelo conhecimento que têm do produto). • A substituição dos candidatos é mais difícil (o número de pessoas é limitado nas pequenas organizações). • Falta de disponibilidade.
RECRUTAMENTO EXTERNO	
Vantagens	**Desvantagens**
• Possibilidade de escolha mais alargada. • Recrutamento de outras pessoas pelo sistema de "boca a boca". • Seleção posterior mais fácil, sem o risco de criar desavenças com as pessoas que não são adequadas para integrar o painel. • Sem problemas com a hierarquia. • Fácil disponibilidade.	• Mais caro (exige convocatórias, documentações e remunerações). • Restrito para zonas urbanas onde o número de habitantes é maior. • É mais difícil recrutar pessoas pertencentes à população ativa. Uma vez que é necessário que os indivíduos estejam disponíveis, é comum recrutar aposentados, desempregados ou estudantes. • Depois de terem sidos pagos pela seleção e treino, há um maior risco de abandono do painel.

Fonte: ISO 8586:2012

O número de pessoas a serem recrutadas varia com os meios financeiros e as exigências da empresa, os tipos e frequência de testes a serem realizados, e se é ou não necessário interpretar os resultados estatisticamente.

A experiência tem mostrado que, após o recrutamento, os procedimentos de seleção eliminam cerca da metade das pessoas, por razões de sensibilidade gustativa e condições materiais.

Na fase de recrutamento é necessário realizar uma seleção prévia dos candidatos, a fim de eliminar aqueles que seriam inadequados para a análise sensorial. No entanto, a seleção final só pode ser feita após seleção e treinamento. Os métodos empregados para a seleção e o treinamento dependem das tarefas e da intenção de uso dos "avaliadores selecionados" e " avaliadores especialistas". O procedimento recomendado consiste em:

a. Recrutamento e seleção preliminar de avaliadores iniciados.

b. Familiarização dos avaliadores iniciados.

c. Seleção de avaliadores iniciados a fim de determinar a sua capacidade de realizar testes específicos.

d. Formação dos avaliadores especialistas.

O desempenho dos avaliadores selecionados deve ser regularmente monitorado para assegurar que os critérios foram inicialmente selecionados e estão sendo cumpridos.

Pré-seleção

Informações gerais sobre os candidatos podem ser obtidas por meio de questionários juntamente com entrevistas realizadas por pessoas com experiência em análise sensorial. Recomenda-se avaliar:

a. **Critérios gerais**

- Disponibilidade dos candidatos: eles devem estar disponíveis para participar do treinamento e avaliações subsequentes. Pessoas que viajam frequentemente ou que têm contínuas cargas de trabalho são muitas vezes inadequadas para a avaliação sensorial.

- Atitudes para alimentos: tais atitudes, como desgostos fortes para determinados alimentos e bebidas, em especial os que se propõem a avaliar, juntamente com as razões culturais ou outras razões que levam a não consumir certos alimentos ou bebidas, devem ser determinadas. Os candidatos que não são pontuais em seus hábitos alimentares geralmente são bons avaliadores para análises descritivas.

- Conhecimento e aptidão para as percepções sensoriais iniciais dos candidatos: são interpretados e expressos, exigindo certas capacidades físicas e intelectuais, em particular a capacidade de concentração e de permanecer inalterado por influências externas. Se o candidato é necessário para avaliar um único tipo de produto, o conhecimento de todos os aspectos do produto pode ser benéfico.

- Capacidade de comunicação e de descrever as sensações que percebem durante uma avaliação: é particularmente importante quando se consideram candidatos para análise descritiva. Esta capacidade pode ser determinada no momento da entrevista e novamente durante os testes de seleção.

- Capacidade de descrever as características desejáveis dos candidatos: inclui a capacidade para descrever os produtos, verbalizar sensações e desenvolver memória para a descrição dos atributos sensoriais.

- Critérios de saúde dos candidatos em geral: devem estar em boa saúde. Eles devem ser avaliados quanto às deficiências, alergias ou doenças que podem afetar os sentidos relevantes para a análise sensorial e não devem estar tomando medicamentos que possam prejudicar suas capacidades sensoriais e, portanto, afetar a confiabilidade de seu julgamento. Pode ser útil saber se os candidatos têm próteses dentárias, uma vez que elas podem ter uma influência em certos tipos de avaliação que envolvam a textura ou sabor. Resfriados ou condições temporárias (por exemplo, gravidez) não são motivos para a eliminação de um candidato.

b. Critérios psicológicos

- Interesse e motivação: candidatos que estão interessados em análise sensorial e nos produtos a serem investigados tendem a ser mais motivados e, portanto, propensos a se tornar melhores avaliadores do que aqueles sem tal interesse e motivação.

- Sentido de responsabilidade e poder de concentração: os candidatos devem mostrar interesse e motivação para as tarefas e estar dispostos a perseverar com tarefas que exigem concentração prolongada. Devem ser pontuais na participação das sessões e serem confiáveis e honestos nas suas avaliações.

- Capacidade de julgar: os avaliadores devem chegar a uma decisão, sem quaisquer preferências pessoais, ser autocríticos e conhecer as suas limitações.

- Disposição para cooperar: os avaliadores precisam estar dispostos a aprender e não ser dominantes em um grupo de discussão.

Outras informações podem ser solicitadas durante o recrutamento, como o nome, faixa etária, gênero, nacionalidade, escolaridade, ocupação atual e experiência em análise sensorial. A informação sobre hábito de fumar também pode ser necessária, mas os candidatos que fumam não devem ser excluídos.

Seleção

A escolha dos testes e dos materiais a serem utilizados é conduzida com base em aplicações previstas e as propriedades a serem avaliadas. Todos os testes de seleção descritos têm a dupla função de familiarizar os candidatos com os métodos e os materiais utilizados na análise sensorial e, portanto, devem ser precedidos de ensaios de familiarização, bem como devem ser realizados em condições reais de avaliação de produtos. São divididos em três tipos, destinados a:

a. Detectar incapacidades sensoriais.

b. Determinar a acuidade sensorial.

c. Avaliar o potencial dos candidatos para a comunicação e descrição das percepções sensoriais.

A seleção dos avaliadores deve considerar a aplicação pretendida, o desempenho dos candidatos nas entrevistas e seu potencial, em vez de seu desempenho atual. Presume-se que os candidatos com altas taxas de sucesso são mais úteis do que os outros, mas aqueles que apresentaram melhoria nos resultados com repetição tendem a responder bem ao treinamento.

a. Visão de cores

Candidatos com visão de cor anormal são inadequados para as tarefas que envolvem avaliação ou correlação de cores. A norma ISO 8586 recomenda que a avaliação da visão de cores seja realizada utilizando-se o teste de Ishihara ou o Farnsworth Munsell Matiz 100 e descreve um teste com solução de corantes.

b. Anosmia e ageusia

É desejável que os candidatos sejam testados para determinar a sua sensibilidade a substâncias que possam estar presentes em pequenas concentrações nos produtos, a fim de detectar anosmia, ageusia ou possível falta de sensibilidade.

Treinamento

A fase de treinamento tem como objetivo familiarizar os avaliadores com os procedimentos dos testes e amostras; melhorar suas habilidades em identificar e reconhecer os atributos sensoriais em alimentos; melhorar a sensibilidade e memória de modo a oferecer medidas sensoriais precisas, consistentes e padronizadas e desenvolver uma equipe que produza resultados válidos e seguros e que funcione como um instrumento analítico.

Dar informações sobre o processo de fabricação ou organizar visitas às plantas produtivas também é útil para treinar os avaliadores no conhecimento básico sobre os produtos. Os avaliadores devem ser instruídos e treinados para serem objetivos e ignorar seus gostos e desgostos. Devem ser instruídos a não usar produtos perfumados, antes ou durante as sessões. E também para evitar o contato com o tabaco ou com gostos e odores intensos, pelo menos, 60 minutos antes da sessão de avaliação.

Monitoramento e teste de desempenho

Os objetivos do monitoramento do desempenho dos avaliadores são a verificação de que suas avaliações sejam repetíveis, discriminatórias, homogêneas e reprodutíveis.

Os princípios de monitoramento de desempenho são baseados em:

- Participação em vários testes sensoriais (dependendo de suas especificidades) para avaliadores com produção de perfis de produtos ou de materiais com uma ou mais repetições, inter ou para intrasseções de avaliadores especialistas.

- Participação em ensaios interlaboratoriais dentro do mesmo setor de atividade (fornecedores ou subcontratados que trabalham com produtos de perfis similares).

Gestão e monitoramento do grupo/painel

Para que a equipe funcione de forma eficiente e não perca o benefício de sua formação, os avaliadores devem ser chamados para executar testes sensoriais de maneira regular. É desejável que a participação seja semanal e no mínimo mensal. É altamente recomendado que verificações de performances do grupo sejam realizadas cerca de duas vezes por ano. Além disso, pode ser necessário reciclar os avaliadores após longos períodos de interrupção (maiores de seis semanas). Idealmente, o grupo deve ser avaliado em relação a outros grupos, participando em estudos de intercomparação por meio de participação em ensaios interlaboratoriais e comparação com fornecedores ou subcontratados que trabalham com os mesmos produtos.

É importante manter a motivação do grupo, por meio do fornecimento de informações sobre a exploração dos resultados, tendo o cuidado para não originar viés em trabalhos futuros, da entrega de pareceres sobre os resultados individuais e de recompensas.

Tendo em conta as saídas inevitáveis de membros de certos grupos (mudança de trabalhos, cargos, doenças etc.), pode ser necessário recrutar novas pessoas. A formação específica deve, portanto, ser prevista, a fim de trazer os novos avaliadores até um nível de desempenho satisfatório. O processo de integração no grupo pode ser progressivo, tendo em conta a capacidade do novo avaliador para dar respostas confiáveis.

Novas sessões de treinamento devem ser implementadas a fim de ter em conta possíveis novos descritores ou a modificação das escalas de intensidade.

Para o monitoramento de avaliadores, assim como a seleção de avaliadores e comprovação de treinamento e monitoramento de avaliadores, é recomendada a aplicação da análise sequencial ou testes de hipóteses sequencial, criada por Wald e descrita na ISO 16820:2004.

O método consiste em estipular os valores de α e β (geralmente 5%) e das probabilidades p0 (máxima habilidade inaceitável do candidato) e p1 (mínima habilidade aceitável) e traçar as curvas-limite ou tabelas de aceitação ou rejeição do candidato mediante a determinação dos valores de α e β e das probabilidades p0 e p1, seguindo recomendações da ISO 16820.

A vantagem do uso da análise sequencial de Wald incide na economia de tempo e de material, já que os candidatos com maior potencial podem ser avaliados e selecionados com um menor número de testes.

INFRAESTRUTURA E LOCAL DO TESTE

Na indústria de alimentos e nos centros de pesquisas, a grande maioria dos testes em análise sensorial ocorrem como testes de localização central (Central Location Test – CLT) em salas de teste padronizadas, como laboratórios sensoriais.

A maioria das normas e diretrizes propõem essas abordagens "*in situ*" (no local), em que os membros do painel vêm ao laboratório, usam a infraestrutura fornecida (cabines de teste, hardware e software para coleta de dados, talvez equipamentos técnicos adicionais, como aquecedores) para treinamento e teste, e, ao mesmo tempo, todas as outras condições do ambiente (por exemplo, luz, umidade, temperatura, entre outros) são definidas e controladas automaticamente.

Salas de testes devem ser projetadas para conduzir avaliações sensoriais sob condições conhecidas e controladas com um mínimo de distrações, e para reduzir os efeitos que fatores psicológicos e condições físicas possam exercer sobre o julgamento humano. E distingue-se dos testes hedônicos realizados, por exemplo, em um ponto de venda, nas próprias casas dos consumidores ou testes de natureza comportamental (como registrar quantidades consumidas *ad libitum* pelos consumidores), os quais podem requerer ambientes específicos.

Localização

Para que o local proporcione condições de preparo e apresentação controlada dos produtos, conforto para análise e controle da comunicação (verbal e não verbal) entre os participantes, frequentemente são utilizados três exemplos para garantir respostas independentes, são eles:

a. Laboratório de análise sensorial permanente de acordo com a ABNT NBR ISO 8589, composto por uma área de recepção para acolher os avaliadores e consumidores, uma sala para a preparo dos produtos e uma sala equipada com cabines de teste, controle de temperatura e um sistema de ventilação para renovação periódica do ar, sendo a temperatura ideal em torno de 20 a 22 ºC e a umidade relativa do ar entre 50 e 70%. Esta área fornece as melhores condições para o preparo e apresentação do produto e coleta das respostas.

b. Laboratório de análise sensorial móvel instalado em um veículo, especificamente convertido para a realização de testes sensoriais, com zonas reservadas para a recepção dos avaliadores e consumidores e para o preparo de produtos geralmente limitadas.

c. Salas equipadas temporariamente de forma "específica para a tarefa" para avaliar os produtos que requerem pouco preparo também são utilizadas. Habitualmente com duas áreas distintas, uma dedicada à realização dos testes e a outra ao preparo e codificação dos produtos. A cor das paredes e móveis da área de testes deve ser neutra, de modo que a cor das amostras não seja modificada. As condições de teste (temperatura, iluminação ambiente, ventilação e armazenamento e preparo das amostras) devem ser monitoradas e é importante observar o distanciamento físico e isolamento com divisórias móveis, entre avaliadores.

Caso seja possível escolher o local para implantação do laboratório de análise sensorial, deve-se preferir um local com as seguintes características:

- Fácil acesso aos participantes, é importante considerar adaptações para acessibilidade à área por aqueles com deficiências físicas.

- Longe de fonte de ruídos e distrações (área de máquinas, lanchonetes, restaurantes etc.).

- Evitar lugares que exalam odores fortes (banheiros, local para depósito de lixo).

- Separado de outros laboratórios, como de análises físico-químicas e microbiológicas, devido aos odores dos reagentes, bem como risco de contaminação por patógenos. Sistema de ar com filtros de carvão ativado ou pressão de ar levemente positiva na área de testes é normalmente utilizado para minimizar odores e reduzir a entrada de ar proveniente de outras áreas.

Luzes com uma temperatura de cor de 6.500 K fornecem uma luz adequada e neutra similar à "luz do dia" no hemisfério norte. Aparelhos de iluminação especiais podem ser necessários para reproduzir uma condição de iluminação específica como a avaliação de cores de produtos ou materiais, como, por exemplo, corantes alimentícios, mascarar cores ou diferenças de aparência quando estas variáveis não serão testadas no produto. Aparelhos que podem ser usados incluem:

- dimmer (aparelho que regula a intensidade ou brilho da luz);
- fontes de luz colorida (vermelha, azul, verde);
- filtros coloridos;
- luz negra;
- fontes de luz monocromática, como lâmpadas de vapor de sódio.

A organização das áreas precisa permitir limpeza acessível e boas condições de higiene e fluxo de trabalho. Uma instalação típica de laboratório de análise sensorial permanente compreende:

- área de teste na qual se permite que o trabalho seja conduzido individualmente em cabines de teste ou sala de reunião e/ou área para trabalho em grupos;
- área de preparo e distribuição de amostras;
- escritório;
- vestiário e sanitários;
- salas para estocagem de materiais e amostras;
- sala de espera para avaliadores.

A área de testes deve estar próxima à de preparo para facilitar a apresentação das amostras, porém recomenda-se separar para reduzir interferências, como odor e ruídos/barulhos. Aos avaliadores não é permitido entrar ou sair da área de testes passando pela área de preparo, visto que isso pode levar a vieses nos resultados dos testes. A área de preparo deve ser bem ventilada para que os odores de cozinha e os odores estranhos sejam removidos, através de sistema de exaustão.

As condições principais da área de preparo de amostras são:

- superfície de trabalho;
- pia e outros equipamentos necessários para a limpeza de materiais;
- equipamentos necessários para a conservação, preparação, controle e preservação de amostras (por exemplo, jarras, pratos, copos, talheres, eletrodomésticos, termômetros, balanças, fornos, fogões, refrigeradores, freezers etc.), que estejam em boas condições de operação e calibrados conforme necessário para os testes;
- recipientes para resíduos;
- instalações e recipientes para estocagem e preparo de amostras, estes devem ser feitos de materiais que não acrescentam nenhum odor ou sabor ao produto e que previnam adulteração ou contaminação das amostras.

Na sala de preparo de amostras, são recomendadas estações de emergência com lava-olhos e chuveiro de segurança para que possa ser feita a descontaminação de substâncias químicas, bem como considerações especiais relacionadas a riscos como de incêndio, quando se trabalha com equipamentos de cozimento/assamento/forneamento. Independentemente do tipo de laboratório, recomenda-se a fixação apropriada de sinalizações de saída.

O laboratório de análise sensorial pode ser construído em diferentes dimensões, dependendo dos recursos financeiros disponíveis, espaço físico (área e número de cabines), ou número e qualificação dos profissionais contratados e a demanda de testes, classificado conforme demonstrado na Tabela 2.

Tabela 2 – Dimensões do espaço físico (área e número de cabines)

Tamanho do laboratório (m²)	Área total	N.º de cabines	N.º de testes/Ano
Pequeno	Até 93	3 +	-
Médio	93 a 186	6 a 10	500 +
Grande	+186	12 +	+ 600

Fonte: ASTM STP913 (1986)

Os requisitos mínimos compreendem áreas de teste, que permitam a condução de trabalho individual em cabines de teste ou em grupos, e área de preparo.

Embora cabines de testes permanentes sejam recomendadas, é permitido, se necessário, o uso de cabines de testes temporárias e portáteis. Normalmente as cabines de testes permanentes são construídas ao longo de uma parede que divide a área de testes da área de preparo, e neste caso é recomendado que haja aberturas para permitir a passagem das amostras entre as áreas.

As aberturas devem facilitar a passagem das amostras, normalmente apresentadas em bandejas (com largura máxima em torno de 35 cm), e fechadas por portinholas deslizantes ou escotilhas que fechem sem emitir ruídos. E de modo a evitar a visualização do preparo e codificação das amostras pelos avaliadores. De uso seguro e de fácil manuseio, especialmente para o técnico ou líder de painel.

Deve-se prever a instalação de tomadas e equipamentos elétricos requeridos para situações de testes específicos. Uma cabine de testes habitualmente inclui os seguintes equipamentos:

- suporte para teclado;
- suporte para a tela do computador ou tablete;
- central de processamento (CPU);
- lâmpadas fluorescentes com interruptor.

É recomendado que um sistema seja disponibilizado para o avaliador sinalizar ao técnico quando estiver pronto para receber e avaliar a amostra.

Na Figura 1 estão apresentados exemplo de controle de tipo de luz, de forma independente para cada cabine de testes (1) e da vista da área de teste, com cabines numeradas, e da área de preparo e distribuição de amostras (2).

Figura 1 – Imagens da cabine de testes com controle de luz e da área de distribuição de amostra

(1)   (2)

Fonte: Duas Rodas (2021)

A área de trabalho em cada cabine de testes deve ser suficientemente grande para acomodar facilmente as mostras, utensílios, como bandejas, agentes de enxágue (exemplo a água), fichas de respostas, canetas e/ou computadores e acessórios, recipientes para descarte de produtos não engolidos, pia para descarte de amostra, se necessário. É recomendado que a área de trabalho tenha pelo menos 0,9 m de largura e 0,6 m de profundidade. Recomendam-se divisórias laterais entre as cabines de testes estendidas além da superfície da bancada, a fim de esconder os avaliadores parcialmente. Uma extensão de pelo menos 0,3 m além da bancada geralmente é suficiente.

As divisórias podem se estender desde o piso até o teto para completa privacidade, com um projeto que permita ventilação e limpeza adequadas. Se o assento não puder ser ajustado ou movido, é recomendada uma distância de pelo menos 0,35 m entre o assento e a superfície de trabalho, e quanto possível uma cabine projetada com uma altura e largura para acomodar um avaliador cadeirante, requerido pelas leis.

Uma área para trabalho em grupo é frequentemente usada durante as sessões iniciais de treinamento, bem como para permitir sessões de orientação e testes descritivos, como o perfil por consenso. Esta área deve ser grande o suficiente para conter uma mesa que acomoda confortavelmente 6 a 8 pessoas. A mesa pode ser equipada com um centro giratório para a apresentação de amostras.

Um local, tipo escritório, próximo da área de testes agiliza o processo de avaliação, utilizado para o planejamento dos testes, elaboração das fichas de respostas, análise estatística dos dados, redação de relatórios, e, se necessário, para reunião com clientes para discussão de testes e resultados.

TESTES SENSORIAIS APÓS A PANDEMIA POR VÍRUS

Os testes do tipo HUT (*home use test*) já existem há algum tempo e são consagrados na análise sensorial, aplicados principalmente para métodos afetivos, quando se esperam respostas dos consumidores em seu contexto real de uso.

Quando a Organização Mundial da Saúde (OMS) declarou pandemia de Covid-19 (World Health Organization, 2021), precisamos ficar em casa por meses no mundo todo, o que impossibilitou que se continuasse com os modelos tradicionais de avaliação sensorial como testes em laboratório e CLT (*central location test*).

As empresas pararam suas avaliações sensoriais por algum tempo, até que se encontrassem novas formas de fazê-las. A partir desse momento, os testes feitos em casa passaram a ser a única opção, não somente para testes com consumidores, mas agora também para os métodos discriminativos, descritivos, métodos rápidos, entre outros.

A grande questão durante a realização de testes em casa é como manter o controle das condições e garantir resultados confiáveis e equivalentes aos obtidos em laboratório.

Recomendações

O primeiro ponto fundamental para que o avaliador esteja apto para participar de um teste em casa é que ele esteja em perfeitas condições de saúde. Um dos sintomas da contaminação por vírus é a perda de olfato e paladar, que pode levar meses até que seja recuperado. Então, caso o avaliador tenha testado positivo para a doença, antes que ele retorne às atividades quando curado, é importante acompanhá-lo e fazer testes para verificar se houve alguma alteração em sua percepção.

Acesso à internet e boa conexão também são fundamentais, já que o contato com o avaliador passou a ser completamente remoto, via reuniões virtuais e questionários on-line.

O contato remoto com os participantes pode dificultar também o entendimento dos procedimentos do teste, que devem ser ainda mais claros e autoexplicativos. Vídeos tutoriais com instruções detalhadas podem colaborar nesse sentido. É importante também fornecer folhas com instruções detalhadas e identificar claramente as amostras, orientando quanto à ordem em que devem ser avaliadas.

As amostras, inclusive, são um dos pontos mais importantes das avaliações, o que exige mais criatividade do profissional e o que pode impossibilitar que o teste seja feito em casa. É imprescindível ter um protocolo de preparo e distribuição de amostras com todos os cuidados de saúde e segurança e que garanta a uniformidade do produto desde o preparo até a avaliação.

Cuidar dos recipientes que serão utilizados e que manterão os produtos nas condições adequadas para a avaliação não é tarefa fácil, especialmente para produtos que devem ser servidos quentes ou gelados. Mas essa questão pode ser endereçada por meio de um sistema logístico eficiente, com o mínimo de tempo possível entre o preparo e a avaliação dos produtos. A distribuição pode ser feita por *delivery*, *drive-thru* ou mesmo por um sistema clique e retire.

Como alternativa, alguns pesquisadores também estudaram o modelo de *drive-in*. Dessa forma, os avaliadores podem se manter isolados em seus veículos, mas estando no local onde a avaliação acontece, permitindo um maior controle das condições das amostras.

Além das amostras, é recomendado enviar para o avaliador tudo o que ele utilizará no teste, como, por exemplo, água e biscoitos para limpeza do palato.

Uma vez em casa com as amostras, os avaliadores precisam receber informações sobre quais seriam as condições mais adequadas para que eles façam o teste. Eles precisam ser orientados quanto a iluminação, ausência de distrações, cheiros e barulhos.

É interessante também deixar um campo no questionário onde ele reporte se fez o teste todo de uma vez ou se teve que parar, ou qualquer outro problema ocorrido durante a avaliação.

Quando lidamos com painel treinado nos testes em casa, que geralmente são grupos que se mantêm por um longo prazo, é necessário também cuidar das pessoas, mantendo-as sempre informadas sobre mudanças no processo e promovendo encontros regularmente para o esclarecimento de dúvidas. O *feedback* aos painelistas após cada avaliação e treinamento também é imprescindível para que o painel mantenha sua qualidade e o painelista fique atento aos pontos de melhoria, processo que pode ser muito facilitado por meio de ferramentas automatizadas que fornecem *feedback* imediato após as avaliações.

Validade

Não demorou para surgirem questionamentos se os testes em casa realmente eram válidos e capazes de entregar resultados confiáveis, dado que não há controle sobre as condições do teste. E alguns pesquisadores fizeram estudos para elucidar essa questão.

Shi *et al.* (2021) compararam os resultados de três testes de aceitação de *snack bars* nos sabores chocolate, canela e mel, um CLT e um HUT durante a pandemia e um CLT antes da pandemia. Os resultados mostraram que a aceitação foi ligeiramente maior no HUT do que no CLT antes da pandemia e não houve diferença entre os resultados do CLT antes e durante a pandemia.

Ainda em relação aos testes de aceitação, Seo *et al.* (2021) compararam testes realizados em cabines sensoriais de laboratório e cabines drive-in. A atenção dos participantes foi maior no laboratório; quanto à sensação de realismo e segurança, foi maior nas cabines drive-in. Ainda assim, os resultados tiveram poucas diferenças entre as duas condições e os autores consideraram as cabines drive-in como uma opção possível em alternativa aos testes em laboratório.

Para painel treinado, Rohrer e Ameerally (2021) compararam os resultados de um painel de alimento feito no laboratório antes da pandemia e em casa durante a pandemia. Os autores consideraram viável a aplicação deste método em casa já que, para 18 dos 21 atributos avaliados, a variação das avaliações foi de menos de 1 ponto em uma escala de 0 a 10. Para os outros atributos, a variação não passou de 2, o que foi considerado aceitável por eles.

Batali *et al.* (2021) também compararam os resultados de um painel treinado para avaliação de cafés antes da pandemia no laboratório e durante a pandemia em casa. Eles obtiveram performance compatível nas duas ocasiões e consideraram possível obter dados úteis, porém argumentaram que o ideal para testes descritivos é que sejam feitos em laboratório, pois o treinamento pode ser mais efetivo.

Os testes não se limitaram a métodos clássicos. Pesquisadores também compararam os resultados de *Rate-All-That-Apply* e *Free Choice Profiling* no laboratório e em casa, considerando viável a realização deles em casa.

Pontos positivos

Os testes realizados em casa apresentam algumas vantagens sobre os testes de laboratório, como o recrutamento mais fácil e mais pessoas dispostas a se comprometerem com um estudo mais longo, maior frequência dos avaliadores e menos faltas devido à flexibilidade e conveniência, não há necessidade de ter um laboratório nem técnicos disponíveis para o serviço durante as sessões.

Os testes em casa também funcionam bem para a realização de sessões virtuais de grupos focais, já que os consumidores se sentem à vontade em suas casas, contribuindo com respostas honestas e profundas, além de facilitar a gravação da conversa e compartilhamento.

Limitações

Os testes em casa têm algumas limitações que precisam ser endereçadas, muitas delas relacionadas à questão das amostras. Esse tipo de avaliação funciona melhor para produtos armazenados e avaliadores em temperatura ambiente e que não requerem preparo e podem não funcionar para produtos que requerem avaliação imediata. Isso porque há baixo controle sobre o preparo e temperatura de serviço dos produtos.

A quantidade de amostras necessária também é maior e o preparo menos eficiente, já que tudo precisa ser enviado aos avaliadores. O custo com envio e embalagens também é maior, além de ter maior geração de resíduos e mais tempo necessário.

Os avaliadores também são impactados diretamente, podendo ficar menos motivados e ter mais dificuldade no alinhamento de painel treinado, já que as opções de treinamento que podem ser oferecidas remotamente são menores e os painelistas falam menos nas discussões.

Por fim, não há controle das condições do teste, ainda que seja recomendado oferecer orientações claras de como o ambiente de teste deve ser, e pode ser mais desafiador resolver remotamente algum problema ou dificuldade com os questionários.

Como será o futuro?

Muitas das evoluções da humanidade tiveram sua origem em tempos de crise e conflitos, e certamente muito do que vivemos na pandemia de Covid-19 são tendências que vieram para ficar.

A evolução da tecnologia e a comprovada validade dos testes feitos em casa levarão a novas possibilidades de realizar testes sensoriais.

Com a redução do número de casos da doença, muitas empresas estão retomando os testes CLT e em laboratório. Porém, os testes em casa devem permanecer como uma possibilidade, já que são capazes de gerar resultados confiáveis.

Referências

AMERICAN SOCIETY FOR TESTING AND MATERIALS. *ASTM STP913*. Physical Requirement Guidelines for Sensory Evaluation Laboratories. Conshohocken: ASTM, 1986.

ABOAGYE, C. W. *et al.* Sensory Testing During the Pandemic in Ghana: Feasibility of Conducting Free Choice Profiling (FCP) and Quantitative Descriptive Analysis (QDA) at Home. *In:* 14th Pangborn Sensory Science Symposium. 'Sustainable Sensory Science' Online: Live and On-demand. August 9-12, 2021 CT. *Anais* [...]. Guelp, 2021.

ASSOCIAÇÃO BRASILEIRA DE NORMAS TÉCNICAS. *ABNT NBR ISO 8586*: Análise Sensorial. Rio de Janeiro: ABNT, 2012.

ASSOCIAÇÃO BRASILEIRA DE NORMAS TÉCNICAS. *NBR ISO16820:2020. Análise sensorial — Metodologia — Análise sequencial.* Rio de Janeiro: ABNT, 2020.

BATALI, M. *et al.* A comparison on coffee of modified COVID-19 descriptive analysis protocols as a viable alternative to traditional evaluations. *In:* 14th Pangborn Sensory Science Symposium. 'Sustainable Sensory Science' Online: Live and On-demand. August 9-12, 2021 CT. *Anais* [...]. Guelp, 2021.

DUAS RODAS INDUSTRIAL LTDA. *Imagens da cabine de testes com controle de luz e da área de distribuição de amostra.* Jaraguá do Sul: DUAS RODAS, 2021.

ENZELBERGER, R. *et al.* Best practice solutions for high response rates in pandemic-crisis. *In:* 14th Pangborn Sensory Science Symposium. 'Sustainable Sensory Science' Online: Live and On-demand. August 9-12, 2021 CT. *Anais* [...]. Guelp, 2021.

LUYTEN, I. G. I. M.; GROENESCHILD, C. A. G.; KUIJPERS, P. C. M. Sensory evaluation during a pandemic: going digital. *In:* 14th Pangborn Sensory Science Symposium. 'Sustainable Sensory Science' Online: Live and On-demand. August 9-12, 2021 CT. *Anais* [...]. Guelp, 2021.

NIIMI, J. *et al.* Sample discrimination through profiling with rate all that apply (RATA) using consumers is similar between home use test (HUT) and central location test (CLT). *Food Quality and Preference*, [*s. l.*], v. 95, n. 1, 10437, 2022.

ROHRER, C.; AMEERALLY, A. Comparison of Trained Panel Results Before and After At-Home Testing: Lessons from Remote Sensory Testing. *In:* 14th Pangborn Sensory Science Symposium. 'Sustainable Sensory Science' Online: Live and On-demand. August 9-12, 2021 CT. *Anais* [...]. Guelp, 2021.

SEO, H.-S. *et al.* Stay safe in your vehicle: Drive-in booths can be an alternative to indoor booths for laboratory sensory testing. *Food Quality and Preference*, [*s. l.*], v. 94, dez. 2021.

SHI, M. *et al.* On the validity of longitudinal comparisons of central location consumer testing results prior to COVID-19 versus home use testing data during the pandemic. *Journal of Food Science*, Estados Unidos, v. 86, n. 10, p. 4668-4677, 1 out. 2021.

SHINGLETON, R. *et al.* Our new normal - Consumer research in a transformative world. *In:* 14th Pangborn Sensory Science Symposium. 'Sustainable Sensory Science' Online: Live and On-demand. August 9-12, 2021 CT. *Anais* [...]. Guelp, 2021.

VICARI, LUCÍLA. *Desenvolvimento de programa de treinamento para avaliadores especialistas em textura de sucos, néctares e bebidas vegetais.* Dissertação (Mestrado) – Programa de Pós-Graduação em Ciência e Tecnologia de Alimentos, Faculdade de Agronomia Eliseu Maciel, Universidade Federal de Pelotas, 2019. Disponível em: dissertacao_lucila_vicari.pdf. Acesso em: 30 ago. 2024.

VILLARINO, C. B. J. *et al.* Sensory evaluation in times of covid-19: insights in developing and implementing safety guidelines to continue sensory research work. *In:* 14th Pangborn Sensory Science Symposium. 'Sustainable Sensory Science' Online: Live and On-demand. August 9-12, 2021 CT. *Anais* [...]. Guelp, 2021.

WORLD HEALTH ORGANIZATION. Timeline: WHO's COVID-19 response. Disponível em: https://www.who.int/emergencies/diseases/novel-coronavirus-2019/interactive. Acesso em: 2021.

CAPÍTULO 3

MÉTODOS DESCRITIVOS E AFETIVOS TRADICIONAIS

Aline Machado Pereira
Bianca Pio Ávila
Estefania Júlia Dierings de Souza

MÉTODOS DESCRITIVOS

Perfil de sabor

O teste de Perfil de Sabor avalia o sabor e o aroma dos produtos e é considerado um método qualitativo e semiquantitativo. Este teste é realizado com a presença de um líder para coordenar a equipe, sob a forma de discussão em grupo, e as conclusões se baseiam no consenso da equipe. Os avaliadores devem obter habilidades e a equipe deve ter no mínimo seis pessoas treinadas (especialistas). Recomenda-se para o treinamento o período de dois meses, duas vezes por semana, em sessões aproximadas de uma hora. O líder deve certificar-se de que todos participem da discussão, conduzindo os avaliadores e não permitindo que algum avaliador de personalidade forte ou tímido influencie os demais.

O teste se inicia com o treinamento dos avaliadores mediante aplicação dos testes de sensibilidade (gostos primários, reconhecimento de odores, limiar, entre outros). Com o auxílio do líder, os avaliadores irão desenvolver, em mesa-redonda, a lista de atributos sensoriais que caracterizam o produto, e definir cada termo descritivo, utilizando a escala constante de categoria. Cada avaliador analisa individualmente as amostras, registrando na ficha sensorial. São mensuradas em torno de cinco características de sabor: impressão da forma geral do aroma, avaliando o impacto deste; atributos perceptíveis do aroma e sabor (discriminação); intensidade de cada atributo; ordem em que os atributos são percebidos; e sabor residual.

Depois é realizada a discussão em grupo e a conclusão se dará no que for consenso da equipe. Este método não utiliza análise estatística dos resultados. Os resultados são verificados pela listagem dos termos descritores obtidos nas fichas sensoriais.

Exemplos de aplicação:

- Quando se aplicam novos tratamentos aos produtos de panificação e confeitaria.

- No desenvolvimento de novos produtos de panificação e confeitaria.

- Quando se altera a validade de um produto.

- Quando se tem diferenças entre os constituintes de um produto, como quantidade de açúcar em um bolo.

Perfil de textura

O teste de perfil de textura promove a descrição completa da textura de um produto, compreendendo as características mecânicas, geométricas, sensações mastigatórias e residuais. O método de perfil de textura também pode ser aplicado juntamente com o texturômetro, fazendo correlações entre os métodos sensoriais e instrumentais.

As características mecânicas (dureza, coesividade, viscosidade, elasticidade, adesividade, fraturabilidade, mastigabilidade e gomosidade) são medidas sensorialmente pela pressão exercida dos dentes e língua durante a mastigação e determinam a maneira pela qual o alimento se comporta na boca. As características geométricas (arenosa, áspera, granulosa, pulverulento, calcário, aerado, fibrosas e cristalinas) são as que se referem ao arranjo dos constituintes do alimento e refletem principalmente na aparência, relacionadas com a forma e tamanho das partículas. Ainda existem outras características que incluem os fatores que não podem ser facilmente percebidos pelas características mecânicas e geométricas, compreendem qualidades sensíveis à cavidade bucal, relacionadas ao teor de umidade (seco, úmido, suculento, molhado) e ao teor de gordura (oleoso, gorduroso).

Para o teste é necessária uma equipe com prévio conhecimento de texturas ou será necessário treiná-los para que adquiram conhecimento dos procedimentos de avaliação e utilização de escalas de referência e discriminação em atributos. O treinamento da equipe deverá ser feito utilizando a escala-padrão, constituída de produtos que representem inúmeras sensações que compõem a textura. A validação do teste é efetivada com a participação de em torno de 10 avaliadores especialistas

Os dados serão tratados de acordo com a escala utilizada no teste, podendo-se obter um consenso da equipe em cada atributo ou realizar análise estatística pela análise de variância (Anova), análise multivariada (Manova) e análise de componentes principais (ACP). A apresentação dos resultados pode ser em tabelas ou gráficos.

Exemplos de aplicação:

- Verificar a textura de produtos de panificação.

- Caracterizar novos produtos de confeitaria.

- Comparar produtos em modo sensorial e instrumental.

- Verificar se existe diferença de textura em produtos de confeitaria.

Perfil Descritivo Quantitativo (PDQ)

O Perfil Descritivo Quantitativo (PDQ) é a análise mais utilizada dos métodos descritivos, pois identifica e quantifica os atributos sensoriais de um produto. É uma técnica que utiliza avaliadores com alto grau de treinamento e uso de análise estatística.

O PDQ envolve as etapas de recrutamento de avaliadores, pré-seleção dos avaliadores através de testes triangulares, levantamento de terminologia descritiva e treinamento dos avaliadores, seleção final dos avaliadores e avaliação das amostras e análise dos resultados.

A equipe deve possuir no mínimo de 10 a 12 avaliadores após o treinamento.

Uma lista de vários termos descritivos é levantada, sob a supervisão do pesquisador, os avaliadores então discutem o significado de cada termo, eliminando os termos correlatos e agrupando termos sinônimos. Materiais de referência são providenciados para cada termo descritivo levantado, visando ao treinamento dos avaliadores e assim criar a ficha sensorial adequada para cada produto. Esta etapa é composta pela avaliação dos produtos ou ingredientes que se quer analisar e também pelos materiais de referência. Esses materiais de referência devem ser representativos aos extremos da escala para cada atributo sensorial.

Normalmente são realizadas de três a cinco sessões até que todos os termos ou descritores sejam decididos.

Após o treinamento, os avaliadores são solicitados a avaliar cada atributo e marcar sua intensidade usando escala não estruturada de 9 pontos, ancorada com termos: nenhum/fraco e, no outro extremo, forte. As amostras devem ser apresentadas uma a uma.

A metodologia do PDQ é muito pertinente para produtos ou ingredientes de panificação ou confeitaria, pois engloba diversos atributos como textura, sabor, aroma e ainda é possível verificar a intensidade de cada atributo.

Exemplificamos a seguir, os termos que podem ser usados para formulações de bolos:

- Firme: refere-se à integridade da amostra ao corte.

- Aerado: refere-se à incorporação de ar na massa.

- Esfarelado: refere-se à falta de coesão da massa.

- Crocante: refere-se ao produto que ao ser mastigado produz som característico.

- Macio: refere-se à pouca resistência da massa ao mastigar.

- Compacto (conhecido informalmente como "abatumado", "solado"): refere-se ao grau que a massa se mantém coesa ao mastigar.

- Úmido: refere-se à liberação de líquido durante a mastigação.

- Homogêneo: refere-se à coesão das partículas da massa.

- Suave: refere-se ao equilíbrio geral dos ingredientes.

Exemplos de aplicação:

- Verificar a intensidade de um ingrediente na formulação.

- Comprovação de alegações de embalagem.

- Verificar tempo de prateleira ou vida útil ou *shelf-life*.

- Verificar o método ou tempo adequado de cocção ou forneamento do produto.

- Verificar todas as características de um produto a ser lançado no mercado.

A análise dos dados é realizada através do teste de variância (Anova) e um teste de médias (Tukey é o mais usual) para a comparação das amostras. Os resultados são apresentados graficamente pelo "gráfico aranha" ou "radar", em que são representadas as médias de cada atributo, na escala de 0 a 9. Ou ainda, os dados podem ser representados em uma tabela com as médias e as letras significativas correspondentes ao teste de comparação de média utilizado.

Perfil Descritivo Otimizado (PDO)

O Perfil Descritivo Otimizado (PDO) foi proposto por Silva e colaboradores em 2012 como sendo uma metodologia rápida e de baixo custo, usando uma equipe não treinada e que fosse tão eficiente e precisa quanto o Perfil Descritivo Quantitativo. O PDO fornece tanto informações qualitativas quanto quantitativas dos atributos sensoriais, pois faz uso de uma escala de intensidade, não estruturada, de 9 cm. As amostras são apresentadas simultaneamente durante a avaliação, juntamente com materiais de referência e sua descrição, sendo que os avaliadores precisam verificar cada atributo individualmente, a fim de possibilitar a criação de um consenso de avaliação entre eles, e assim representar a intensidade fraca e forte de cada atributo sensorial na escala de intensidade.

A sequência de etapas a serem seguidas para a avaliação por PDO é a seguinte:

- Recrutamento de voluntários, em que é aplicado um questionário com questões que verificam a familiaridade do avaliador com termos sensoriais, habilidade em interpretar escalas de intensidade, tempo e disponibilidade em participar do estudo e condições de saúde. Essa última condição é muito importante se verificar na seleção de avaliadores de produtos de panificação e confeitaria, pois envolve alergias ou intolerâncias ao glúten ou lactose, por exemplo.

- Seleção de avaliadores, em que a seleção não é tão rígida quanto no PDQ, mas é necessário aplicar em torno de quatro testes discriminatórios para verificar os acertos de cada avaliador. Recomenda-se no mínimo 75% de acertos nos testes. São necessários, pelo menos, 16 avaliadores para o teste PDO.

- Definição da terminologia, em que o pesquisador, juntamente com os avaliadores, faz uma discussão para fazer o levantamento dos termos. Pode ser usado o método de rede utilizando amostras para identificar similaridades e diferenças, discussão aberta ou uma lista prévia feita pelo pesquisador. Após definidos os termos, a equipe escolhe materiais de referência para cada intensidade de atributo.

- Análise, em que os avaliadores recebem na cabine a lista com a descrição completa de cada atributo e os materiais que representam as suas intensidades (nenhum/fraco, forte). Recebem todas as amostras simultaneamente e a ficha sensorial com a escala não estruturada dos atributos. Ou seja, em cada sessão, o avaliador irá analisar todos os produtos em relação a um atributo. O número de sessões se dará conforme o número de atributos que se pretende verificar.

- Avaliação dos dados, onde são aplicados os métodos estatísticos, sendo os mais utilizados a análise de variância (Anova) e teste de médias (Tukey é o mais usado). Pode-se apresentar os dados em uma tabela com as médias e as letras de significância do teste de comparação de médias aplicado e ainda através de gráficos fornecidos pela Análise de Componentes Principais (uma amostra) ou Análise de Correspondência (mais de uma amostra).

Exemplos de aplicação:

- A aplicação do PDO segue a mesma premissa do PDQ, ou seja, quando se deseja verificar mudanças no produto após alterações de ingredientes, mudança no processamento, vida útil, intensidade de algum atributo.

- Para análise de controle de qualidade, não se recomenda o PDO, pois julga-se necessário uma equipe mais treinada, a fim de detalhar melhor as características dos produtos que se pretende avaliar.

Exemplos de atributos que podem ser avaliados em bolos de chocolate: cor marrom, aroma de massa de cacau, gosto doce, gosto amargo, gosto amargo residual, sabor de massa de cacau, macio, compacto, aerado.

MÉTODOS AFETIVOS

Teste de Comparação Pareada

Os critérios importantes para correta aplicação do teste devem ser observados, como o número mínimo de avaliadores, o número e apresentação de amostras. É necessário que no mínimo 15 avaliadores participem do teste, porém estes não necessitam ser treinados, mas sim receber instruções prévias ao teste. As duas amostras de produto devem ser apresentadas de forma aleatória ou balanceada, nas permutações AB e BA, e para validação do teste é necessário que sejam realizadas no mínimo três repetições.

Exemplos de aplicação:

- Reformulação de produto, com diminuição ou substituição de algum ingrediente específico (espessante, açúcar, sal, corante).

- Alteração no processo de fabricação ou no tempo de forneamento e verificação de qual amostra é preferida.

- Desenvolvimento de produto e comparação com alguma marca concorrente.

De forma prática, utilizaremos um exemplo de duas formulações de bolo, uma com adição de adoçante para proporcionar a redução na quantidade de açúcar e a outra a formulação-padrão utilizada pela empresa. É desejável comparar para entender qual amostra é a preferida. Aplica-se o teste com 16 avaliadores em 3 repetições. As amostras, identificadas com três dígitos aleatórios, são apresentadas em combinações de forma casualizada ou balanceada.

Para avaliação dos resultados, deve ser levado em consideração se o teste foi unilateral (quando existem diferenças entre as amostras, e se deseja saber se elas foram percebidas sensorialmente) ou bilateral (quando não existem diferenças entre as amostras, ou quando se opta pela avaliação de preferência). Para o conhecimento de número de julgamentos totais (NJT) e número de julgamentos corretos (NJC), se faz necessária a utilização da tabela de significância para o teste de comparação pareada (Instituto Adolfo Lutz, 2008). Quando o número de acertos é menor do que o número tabelado, é porque não foi percebida diferença sensorial significativa entre as amostras.

No exemplo prático, considerando os 16 avaliadores e 3 repetições do teste, temos 48 avaliações. É necessário somar quantos julgamentos foram apontados como preferidos de cada amostra, e verificar a tabela de significância para o Teste de Comparação Pareada Simples, na coluna relacionada à "Bilateral". Nas condições aplicadas ao teste, considerando 5% de significância, observamos que o ponto de corte para que seja percebida diferença estatística entre as amostras é 32. Dessa forma, valores abaixo de 32 indicam que os avaliadores não percebem diferença sensorial entre as amostras, e valores acima de 32 são indicativos de diferença entre as amostras.

Teste de Ordenação

Este teste não permite quantificar a intensidade da diferença encontrada entre os produtos, pois não utiliza escala métrica, apenas classifica as amostras em sua ordem crescente ou decrescente de preferência.

É necessário um mínimo de 50 participantes, quando a análise for realizada em laboratório; e no mínimo 100 participantes quando aplicada em outros locais, como praças, feiras, escolas ou domicílio. As amostras, no mínimo 3 e no máximo 6, podem ser apresentadas de forma balanceada ou casualizada.

Para interpretar os resultados do teste de ordenação, podem ser utilizados o Teste de Friedman (através da Tabela de Newel e MacFarlane) e Tabela de Kramer.

No teste de Friedman inicialmente são atribuídos valores numéricos (notas) às amostras de acordo com a ordem em que o avaliador/consumidor as classificou.

Dessa forma, se considerarmos a preferência entre três amostras, a de menor preferência recebe a menor nota (1) e a de maior preferência recebe a maior nota (3). Após, é realizada a soma de cada amostra e o valor comparado com o descrito na Tabela de Newell e MacFarlane (Instituto Adolfo Lutz, 2008). Se considerarmos 70 respostas, a diferença crítica tabelada, ao nível de significância de 5%, é 28. Assim, se a diferença entre a soma de ordens das amostras for maior ou igual ao valor tabelado, pode-se dizer que existe diferença significativa entre as amostras. Se a diferença entre duas amostras for menor que o valor tabelado, elas não apresentam diferença entre si. Para apresentação dos resultados, devem ser colocados em ordem crescente o somatório total de cada amostra e indicar a diferença significativa com letras diferentes para as amostras que diferem e letras iguais para as que não diferem entre si.

Vamos considerar a aplicação do teste com 30 avaliadores e a apresentação de 4 amostras (A, B, C e D), para interpretação de dados pela Tabela de Kramer. Neste caso, também são atribuídos valores numéricos (notas) às amostras de acordo com a ordem em que o avaliador classifica sua preferência. Dessa forma, a de menor preferência recebe a menor nota (1) e a de maior preferência recebe a maior nota (4). Após, é realizada a soma de cada amostra e o valor comparado com o descrito na Tabela de Kramer (Instituto Adolfo Lutz, 2008), que a um nível de 5% de significância encontramos valores de 61 a 89 para este exemplo. Se a soma de ordens das amostras foi A=88, B=94, C=63, D=55, pode ser concluído que entre as amostras A e C não há diferença no atributo analisado, e as amostras B e D apresentam a maior e a menor preferência, respectivamente.

Exemplos de aplicação:

- Verificar a ordem de preferência em amostras com diferentes tempos de armazenamento (vida útil).

- Verificar a ordem de preferência de amostras com diferenças entre % de ingredientes.

- Verificar a ordem de preferência entre produtos com diferentes modos de preparo.

- Verificar se existe preferência entre produtos reformulados ou em comparação com concorrente.

- Verificar a ordem de preferência quando são testados diferentes tempos e/ou métodos de preparo/forneamento.

Teste de Aceitação

O teste de aceitação demonstra quanto o consumidor gosta ou desgosta de um produto, através do consumo real do produto. Para que o teste seja representativo são necessários muitos consumidores (no mínimo 50 em cabines e 100 ou mais em local aleatório), não necessitando serem treinados, independentemente da escala utilizada. Para estudos representativos de campo, o número de consumidores aumenta para acima de 1.000.

A avaliação do teste é feita através de escalas, que podem ser: escala do ideal; escala de atitude ou intenção de compra; ou escala hedônica. As escalas mais empregadas são as escalas de atitude e hedônicas de 7 ou 9 pontos, com termos balanceados para gosto e desgosto. A seguir, serão apresentados os testes com as escalas mais usadas, cabe salientar que a escolha da escala fica a critério do pesquisador, que se correlacione com o objetivo do estudo.

Teste de Aceitação por Escala Hedônica

Este teste objetiva avaliar o grau em que os consumidores gostam ou desgostam do produto, podendo ser associado à disposição do consumidor de comprá-lo. Esta avaliação pode ser feita com especificação de algum atributo ou aplicada na avaliação de um todo, de forma geral. Utiliza-se a escala hedônica de 7 ou 9 pontos, sendo em ambas necessário o balanceamento dos termos para gostar e desgostar ou consumir e não consumir.

Exemplos de aplicação:

- Desenvolvimento de novos produtos.
- Alteração de um ingrediente.
- Modificação no processo de fabricação do produto.

Teste de Aceitação por Escala do Ideal

Este teste objetiva que os consumidores expressem o ideal do produto em relação à intensidade de algum atributo em específico. Utiliza-se uma escala de 5 a 7 pontos, onde nos extremos devem constar os termos opostos, como "muito fraco" e "muito forte", e no centro o termo "ideal", sendo os números iguais de categorias de ambos os lados.

Os resultados são avaliados pela porcentagem de avaliações, podendo ser utilizado um limite de 70% de respostas para o termo "ideal". Os dados podem ser apresentados em gráfico de frequência, através de histogramas, comparando a distribuição das respostas das amostras com uma amostra-padrão pelo teste Qui-quadrado ou por regressão linear simples.

Exemplos de aplicação:

- Alterações no processo de produção.

- Alteração na validade do produto.
- Diferentes concentrações de um ingrediente no produto.

Teste de Aceitação por Escala de Atitude ou Intenção de Compra

Este teste objetiva mensurar o desejo de uma pessoa em consumir, adquirir ou comprar um produto. Utiliza-se escala de 5, 7 ou 9 pontos apresentada de forma estruturada e balanceada com extremos de "nunca comeria/compraria" até "sempre comeria/compraria", com ponto central "ocasionalmente comeria/compraria". A escala deve possuir número balanceado de categorias entre o ponto intermediário e os extremos.

Os resultados são avaliados pelas frequências de respostas e apresentados em forma de gráfico e/ou histograma. Frequências acima de 70% para os descritores positivos da escala indicam que o produto tende a apresentar ótimos índices de comercialização.

Exemplos de aplicação:

- Desenvolvimento de novos produtos de confeitaria.
- Alteração na validade dos produtos.
- Alteração no processo de produção.

Teste de Aceitação por Escala de Qualidade

Este teste objetiva mensurar o que os consumidores consideram qualidade em um produto, de forma geral ou de algum atributo em específico. Utiliza-se escala de 5 ou 7 pontos, onde nos extremos devem constar os termos opostos como "excelente/muito bom" a "péssimo/muito ruim" e no centro o termo "nem bom, nem ruim".

Os dados são avaliados pela porcentagem de avaliações, podendo ser utilizado um limite de 70% de respostas para os termos positivos, acima do intermediário. Os dados serão apresentados em gráfico de frequência das respostas ou através de histograma.

Exemplos de aplicação:

- Verificação da qualidade sensorial de um produto de panificação.
- Desenvolvimento de novos produtos de confeitaria.

- Alterações em um ingrediente em produto de panificação.
- Desenvolvimento de uma nova embalagem.

Índice de Aceitabilidade (IA)

Independentemente da escala utilizada, o teste de aceitação permite que seja calculado o índice de aceitabilidade (IA) do produto, ou seja, se o produto é aceito, em uma percepção global ou em relação a um determinado atributo sensorial.

Para realização do cálculo do IA, utiliza-se regra de três simples, sendo que a nota máxima da escala é considerada 100% e a média do somatório das avaliações será para calcular o percentual. Por exemplo, quando se utiliza uma escala de 9 pontos e a média do somatório das respostas dos consumidores for 7.5, então: 9 = 100% e 7,5 = x, assim teremos 83,33%.

Analisando os resultados encontrados para escala de 9 pontos, o índice de aceitabilidade (IA) é 83,33%, o que caracteriza o produto como aceito (maior que 70%) conforme suas características sensoriais. Abaixo desse índice de 70%, o produto deve ser melhorado, pois obteve uma baixa aceitação, não agradando aos consumidores, e não terá bons índices de venda/consumo.

Referências

ASSOCIAÇÃO BRASILEIRA DE NORMAS TÉCNICAS. *ABNT NBR ISO 5492*: Análise Sensorial - Vocabulário. Rio de Janeiro: ABNT, 2017.

GULARTE, M. A. *Manual de análise sensorial*. Pelotas: Editora da UfPel, 2009. 106p.

GULARTE, M. A.; ÁVILA, B. P.; DIERINGS, E. J.; PEREIRA, A. M. *Manual prático de análise sensorial*: arroz e feijão. Pelotas: Santa Cruz, 2017. 92p.

GULARTE, M. A.; ÁVILA, B. P.; PEREIRA, A. M.; SOUZA, E. J. D. *Guia prático de análise sensorial em grãos*: arroz e feijão. Pelotas: Santa Cruz, 2019.

INSTITUTO ADOLFO LUTZ. Análise sensorial. *Métodos Físico-Químicos para Análise de Alimentos*, n. 1, p. 42, 2008. Disponível em: http://www.ial.sp.gov.br/resources/editorinplace/ial/2016_3_19/analisedealimentosial_2008.pdf. Acesso em: 29 ago. 2024.

KING, S. C.; MEISELMAN, H. L. Development of a method to measure consumer emotions associated with foods. *Food Quality and Preference*, Amsterdã, v. 21, n. 2, p. 168-177, 2010. DOI: 10.1016/j.foodqual.2009.02.005.

MANCEBO, C. M.; RODRIGUEZ, P.; GÓMEZ, M. Assessing rice flour-starch-protein mixtures to produce gluten free sugar-snap cookies. *LWT - Food Science and Technology*, Estados Unidos, v. 67, n. 3, p. 127-132, 2016. DOI: 10.1016/j.lwt.2015.11.045.

SILVA, R. C. S. N.; MINIM, V. P. R.; SIMIQUELI, A. A.; MORAES, L. E. S.; GOMIDE, A. I.; MINIM, L. A. Optimized Descriptive Profile: a rapid methodology for sensory description. *Food Quality and Preference*, Amsterdã, v. 24, n. 1, p. 190-200, 2012. DOI: 10.1016/j.foodqual.2011.10.014.

SOUZA, E. J. D.; PEREIRA, A. M.; FONTANA, M.; VANIER, N. L.; GULARTE, M. A. Quality of gluten-free cookies made with rice flour of different levels of amylose and cowpea beans. *British Food Journal*, Reino Unido, v. 123, n. 5, p. 1810-1820, 2020. DOI: 10.1108/BFJ-09-2020-0860.

SPINELLI, S.; MASI, C.; DINNELLA, C.; ZOBOLI, G. P.; MONTELEONE, E. How does it make you feel? A new approach to measuring emotions in food product experience. *Food Quality and Preference*, Amsterdã, v. 37, p. 109-122, 2014. DOI: 10.1016/j.foodqual.2013.11.009.

STONE, H.; SIDEL, J. L. *Sensory Evaluation Practices*. 4. ed. New York: Elsevier Academic Press, 2012. 446 p.

CAPÍTULO 4

MÉTODOS RÁPIDOS E TEMPORAIS

Ana Carla Marques Pinheiro
Aline Machado Pereira
Bianca Pio Ávila
Carlos Iván Méndez Gallardo
Jéssica Sousa Guimarães
Layla Damé Macedo
Matilde Viviana Escamilla Morón
Michele Nayara Ribeiro
Sophia dos Santos Soares

MÉTODOS RÁPIDOS

A disciplina sensorial está em constante questionamento e validação de seus recursos, com a intenção de responder às necessidades da comunidade sensorial, investigações sensoriais, exigências da indústria, mudanças contextuais de cada época e geração, como temas socioambientais, e os avanços tecnológicos que permitem reduzir os tempos de aquisição de dados, análise estatística, construção de relatórios e comunicação entre as pessoas envolvidas.

Em resposta ao exposto, a comunidade sensorial propôs Métodos Sensoriais Rápidos, que permitem uma abordagem muito mais rápida nas sensações percebidas por avaliadores semianalíticos e consumidores.

De acordo com a questão de pesquisa, as ferramentas podem ser selecionadas para responder aos objetivos. Mas além de resolver o objetivo da pesquisa, em vários cenários é necessário obter os resultados no menor tempo possível, motivo que tem levado a inovar na criação e adaptação de métodos que respondam às preocupações sensoriais rapidamente.

No congresso SenseLatam edição 2020, foram expostos diversos métodos sensoriais rápidos publicados em diferentes revistas científicas da disciplina Sensorial, cujos nomes estão listados na Tabela 3.

Tabela 3 – Métodos sensoriais rápidos

Testes de métodos rápidos	
CATA: Check all that apply	Flash profile
T-CATA: Temporal check all that apply	TI: Tempo intensidade
RATA: Rate all that apply	Free choice profiling
TDS: Temporal dominance of sensation	Open-ended questions
Sorting	TDS ingestas múltiples
Projective mapping: Napping®	TDS dual
PSP: Polarized sensory positioning	TDS food pairing
AEF: Attack, Evolution and Finish	TDS liking
FC-AEF: Free comment attack, evolution and finish	TDE: TDS + emoções
TOS: Orden temporal de sensaciones	TDS transmodal
Perfil progressivo	TDL: Temporal drivers of liking
Análise de comentário livres	Repertory grid

Fonte: os autores (2024)

Esses métodos rápidos são aplicados na pesquisa acadêmica para fins de validação e para considerar o escopo de seus resultados, e também pela indústria ou pesquisa privada para aprender sobre os estímulos sensoriais de diferentes categorias de produtos. Ou seja, os métodos sensoriais rápidos são considerados tanto pela comunidade sensorial acadêmica como pela industrial para obter resultados quanto ao seu desempenho como ferramenta e estudar os produtos de interesse.

A aplicação de métodos sensoriais rápidos obedece a todas as boas práticas de aplicação acordadas entre a comunidade sensorial e documentadas em várias normas como ABNT, ISO ou ASTM.

Check-All-That-Apply (CATA)

O questionário CATA está entre os métodos de destaque recentemente nos estudos de análise sensorial, e pode ser traduzido como "marque tudo que se aplique".

O CATA permite que os avaliadores escolham quais os atributos possíveis para descrever um produto, de maneira global. Os termos desta lista são gerados por um grupo de avaliadores treinados ou por consumidores.

É uma metodologia fácil de ser realizada e considerada acessível aos consumidores, mostrando-se tão eficaz quanto qualquer método afetivo, ao mesmo tempo que tem um caráter descritivo, pois fornece uma lista de atributos correspondentes a um produto. Ademais, também é utilizada para identificar produtos ideais.

Sua principal limitação é que não permite mensurar as intensidades dos atributos apresentados na lista. Dessa forma, pode apresentar menor poder de discriminação, principalmente quando há pequenas diferenças nas intensidades dos atributos.

A seleção dos termos pode ser feita a partir de informações prévias sobre as características relevantes do produto que se quer estudar, ou através de conceitos ou atributos específicos de interesse da empresa. Ou ainda, através de resultados de pesquisas realizadas em universidades em produtos semelhantes, ou em estudos prévios com métodos descritivos.

A análise CATA pode incluir apenas os termos descritores ou incluir a percepção do consumidor por meio de uma pergunta com escala hedônica. Se o objetivo da análise for somente com termos descritores, serão necessários no mínimo 60 avaliadores, mas se houver avaliação de percepção, serão necessários no mínimo 100 avaliadores.

O CATA envolve três etapas, a primeira consiste em realizar o levantamento da lista de atributos, que pode ser definida por avaliadores (treinados ou não). A segunda etapa é aquela em que os consumidores recebem a ficha sensorial com a lista de atributos e é solicitado que marquem os atributos mais apropriados ou perceptíveis para cada amostra. Os termos sensoriais listados devem ser balanceados de diferentes formas, porque os avaliadores têm a tendência de não ler todos os termos e escolher os primeiros itens da lista.

A última etapa é a análise dos dados, em que os resultados são apresentados em gráficos de dispersão, mediante a análise estatística de componentes principais ou análise de correspondência. Já existem no mercado softwares estatísticos que possuem tratamentos de dados de análises sensoriais, incluindo o CATA.

O CATA é um método inovador e de fácil entendimento, mas não substitui os métodos descritivos clássicos, já que não utiliza avaliadores treinados e, assim, não possibilita uma análise mais detalhada de um produto, sobretudo em diferenças sutis. No entanto, é uma ferramenta importante para ser usada na análise de desenvolvimento de novos produtos, pois retrata a percepção do consumidor de maneira mais global.

Exemplos de aplicação:

- Desenvolvimento de novos produtos.
- Formulações com ingredientes *low carb*, dietéticos e sem glúten.

T-CATA

Temporal Check-All-That-Apply, T-CATA, por sua sigla em inglês, é uma variante do método CATA, também chamada de *marque tudo o que se aplica temporal.*

Condições de aplicação

Para a aplicação deste método, sugere-se o suporte de um software que permita controlar o tempo de avaliação, uma vez que requer a aquisição dos descritores que são percebidos em um determinado período. De acordo com a questão da pesquisa, T-CATA pode ser aplicado com qualquer tipo de avaliador, considerando que os avaliadores conhecem o protocolo do método e cumprindo as boas práticas de Análise Sensorial. Como no método CATA, sugere-se trabalhar com no mínimo 50 dados (consumidores), considerando uma pesquisa confiável entre 40 e 80 dados. Em uma sessão, 3 a 6 produtos podem ser avaliados; dependendo da natureza do estímulo, comparações podem ser feitas a partir de 2 produtos ou estímulos. Nenhuma escala de classificação é necessária. Este método permite avaliar o estímulo sensorial por meio de atributos sensoriais, palavras, frases, emoções, *claims*, cores, diferentes descritores, entre outras opções, considerando que a lista de opções é selecionada de acordo com o objetivo da investigação. Na lista podem ser apresentadas de 5 a 20 opções, que são selecionadas de acordo com os objetivos da pesquisa e com o apoio da literatura, alguma pesquisa anterior ou pelo grupo de pesquisadores. As opções da lista devem ser apresentadas aleatoriamente entre consumidores e produtos, não sendo apresentada uma definição das opções. Produtos ou estímulos sensoriais são avaliados de forma monádica e cega, todos os produtos em estudo devem ser apresentados ao mesmo consumidor na mesma sessão. O método é baseado na seleção de descritores que se aplicam ao produto em um determinado momento, como no início da avaliação, no final da avaliação como sabor residual ou fixação de sabor, ou em um determinado período, por exemplo, início, meio e fim.

Exemplo e resultados

O desenho do questionário, a captura dos resultados, a análise dos dados estatísticos podem ser realizados com software sensorial especializado. O seguinte exemplo é proposto:

Problema: deve ser feita uma mudança de fornecedor do ovo, alguns testes preliminares serão realizados para verificar se a nota do ovo não é percebida no produto final.

Objetivo da pesquisa sensorial: determinar se a nota do ovo é perceptível no produto final, comparando o produto preparado com o fornecedor atual e um produto preparado com o possível novo fornecedor.

Critérios de decisão: o novo fornecedor pode continuar avançando nos testes de validação se a pontuação do ovo for percebida em menos de 10% nas avaliações do produto.

Desenho da pesquisa: 40 dados serão obtidos de 40 consumidores discriminantes previamente selecionados. 2 produtos serão avaliados, o fornecedor atual e o novo fornecedor. As avaliações serão realizadas por 40 segundos em 3 grandes períodos: (a) 0 a 8 segundos; (b) 10 a 20 segundos; (c) 22 a 40 segundos.

Na Figura 2 está **apresentado um q**uestionário para o teste TCATA.

Figura 2 – Exemplo do questionário TCATA

Fonte: os autores (2024)

Análises estatísticas

Os gráficos mais comuns são representação das proporções de seleção para cada produto com linhas de referência significativas, no período do tempo. Nos resultados, a nota a ovo não muda muito (Figura 3), mas existem outros atributos que têm um comportamento diferente que provavelmente modifiquem a percepção do consumidor.

Figura 3 – Gráfico de porcentagem de menções de cada atributo do produto 1 e 2

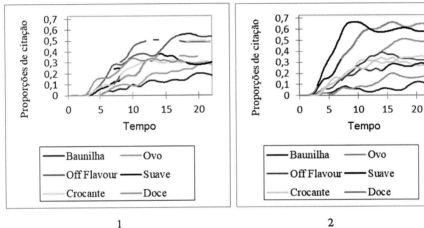

Fonte: os autores (2024)

Em seguida, é possível analisar as diferenças significativas nas proporções de citação entre os produtos. No Gráfico (Figura 4), observa-se que a nota a ovo não tem diferença, mas no caso dos atributos doce e suave eles são significativamente diferentes, mais presentes no produto 2 que no produto 1.

Figura 4 – Gráfico de porcentagem de menções de cada atributo do produto

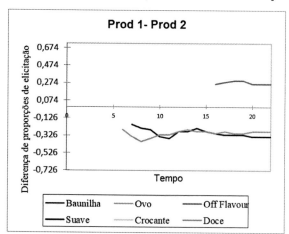

Fonte: os autores (2024)

Ainda, se pode apresentar um gráfico de correspondência (Figura 5) avaliando a evolução ou trajetória dos atributos nos produtos. No exemplo a seguir o produto 1 tem mais relação com a Baunilha e *Off Flavour*, e o produto 2 com suavidade e dulçor.

Figura 5 – Gráfico de correspondência avaliando a evolução ou trajetória dos atributos nos produtos

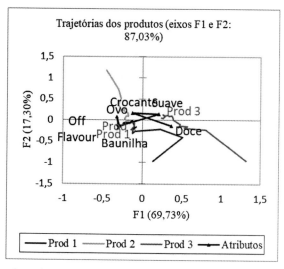

Fonte: os autores (2024)

Considerações

Os resultados obtidos serão baseados em diversas variáveis, como as opções que o avaliador pode selecionar, o nível de treinamento ou frequência de consumo, o período de avaliação e o estímulo sensorial, que pode ser um produto ou um ingrediente. Requer o suporte de um software para adquirir os dados, é de fácil aplicação, são necessários cerca de 50 avaliadores, a lista de opções pode conter descritores sensoriais, emocionais, de marketing, entre outros. Como resultados, as opções que descrevem um estímulo em um determinado período de tempo serão obtidas rapidamente, os resultados indicarão as semelhanças e diferenças entre os produtos estudados.

RATA

Rate-All That-Apply, RATA, por sua sigla em inglês, é uma variante do CATA, documentado a partir de 2014 com aplicações em Análise Sensorial, também é conhecido como intensidade de todos os atributos que descrevem o produto avaliado.

Condições de aplicação

Como uma variante de CATA, muitas das condições de aplicação são mantidas, como o número de dados, a seleção do instrumento sensorial dependerá dos objetivos da pesquisa e, independentemente de qual instrumento seja utilizado, deve-se confirmar que o protocolo do método foi compreendido. Deve ser apresentada uma lista de opções de forma aleatória, que podem ser selecionadas pelo avaliador. Esta lista deve conter os atributos de interesse na pesquisa, com 5 a 20 descritores, atributos, emoções, conceitos, entre outros, que podem ser selecionados da literatura, pesquisas anteriores ou pelo grupo de pesquisadores. Os estímulos sensoriais devem ser avaliados de forma igual ao teste CATA, podendo ser incluídos 2 a 6 produtos dependendo da natureza do estímulo. Além de selecionar os descritores do produto, o avaliador deve indicar a intensidade, por isso é necessária uma escala de intensidade, que pode ser estruturada ou não estruturada, de 3 ou mais pontos, incluindo as âncoras baixas, médias e altas ou pequenas, médias e muito. O método baseia-se na seleção dos descritores que se aplicam ao produto, e indicam a intensidade dos atributos selecionados.

Exemplo e resultados

O desenho do questionário, a captura dos resultados, a análise dos dados estatísticos podem ser realizados com software sensorial especializado. O seguinte exemplo é proposto:

Problema: os bolos com cremes licorosos não tiveram vendas suficientes, por isso é necessário saber a opinião da intensidade da nota alcoólica por parte dos consumidores.

Objetivo da pesquisa sensorial: conhecer a opinião do consumidor sobre a intensidade da nota alcoólica em bolos.

Critério de decisão: se os consumidores indicaram que os produtos são percebidos acima da intensidade média, eles iniciarão com a reformulação dos produtos.

Desenho da pesquisa: serão obtidos 50 dados de 50 consumidores paulistas que compraram um bolo com licor no último mês. Serão avaliados 3 bolos com licor do atual portfólio de produtos.

Na Figura 6 está apresentado um questionário para o teste RATA.

Figura 6 – Exemplo de avaliação RATA em bolos

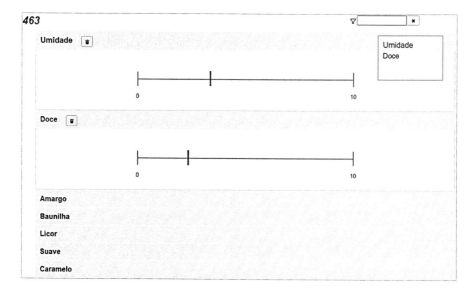

Fonte: os autores (2024)

Análises estatísticas

Pelo fato de a origem dos dados ser intervalo, sugere-se analisar os dados com o mesmo princípio. Dependendo do número de amostras, pode ser *t-student*, Anova e até mesmo análise multivariada como ACP.

Resultados

Nas figuras 7.1 e 7.2, se observa que os protótipos (A e B) têm uma nota maior de licor e umidade, porém podem ser utilizados para oferecer uma alternativa ao produto atual (línea).

Figura 7 – Exemplo de avaliação RATA em bolos de forma gráfica em linha (1) e análise de correspondência (2)

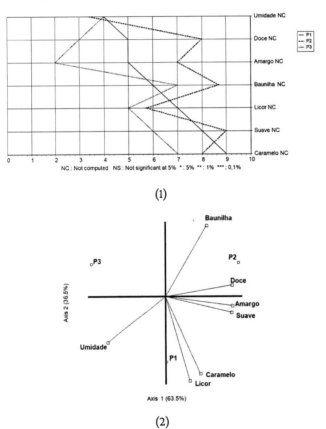

Fonte: os autores (2024)

Considerações

Permite conhecer rapidamente os descritores e a intensidade de um produto, com os quais é possível determinar a semelhança ou diferença entre produtos. Deve-se considerar que os resultados dependerão do desenho da pesquisa, que inclui a lista de opções que o avaliador pode selecionar, o avaliador sensorial, o tipo de escala e a interpretação dos resultados.

Sorting

Sorting, é um método sensorial rápido que teve suas bases na disciplina de psicologia em 1960, e em 1990 começou a ser utilizado na disciplina sensorial, também pode ser identificado como *Sorting task*, método de classificação ou similaridade.

Condições de aplicação

De acordo com o objetivo do estudo, é possível aplicá-lo utilizando diferentes tipos de painéis sensoriais, sugere-se obter entre 20 e 80 dados para estar em uma área confiável para avançar nas decisões. Nenhuma escala de classificação é necessária. É um método que se baseia no agrupamento de produtos pela semelhança, por isso se sugere trabalhar com no mínimo 8 produtos e no máximo 30, embora sempre dependa da natureza dos produtos. Após os produtos terem sido agrupados por sua similaridade, o avaliador será solicitado a descrever o grupo de produtos com uma ou duas palavras.

Os produtos são apresentados às cegas, simultaneamente, na mesma sessão. Existe a alternativa de que o pesquisador sugira a lista de descritores e a quantidade de grupos de produtos a serem formados.

Exemplo e resultados

A concepção do questionário e a captura dos resultados podem ser feitas em papel, com algum meio eletrônico ou com software especializado, a análise dos dados estatísticos pode ser feita com software sensorial especializado ou estatísticos. Com o intuito de exemplificar os conceitos do método, sua aplicação, critérios de análise estatística, apresenta-se o seguinte exemplo:

Problema: é preciso desenvolver um novo perfil sensorial para panquecas, que o difere dos 25 produtos atuais do mercado.

Objetivo da pesquisa sensorial: selecione os produtos do mercado com perfis sensoriais diferenciados para estudá-los e utilizá-los como base para desenvolver o novo perfil sensorial de panqueca.

Critério de decisão: selecione 8 produtos de panqueca com perfis descritivos diferenciados.

Desenho da pesquisa: 30 dados serão obtidos de 30 consumidores discriminantes. Vinte e cinco produtos serão avaliados.

Questionário: experimente os 25 produtos e agrupe-os de acordo com sua similaridade em no mínimo 6 grupos e no máximo em 10 grupos, cada grupo pode ter diferentes números de produtos. Depois de formar os grupos, descreva cada produto com uma ou duas palavras (Figura 8).

Figura 8 – Exemplo avaliação *Sorting* em panqueca

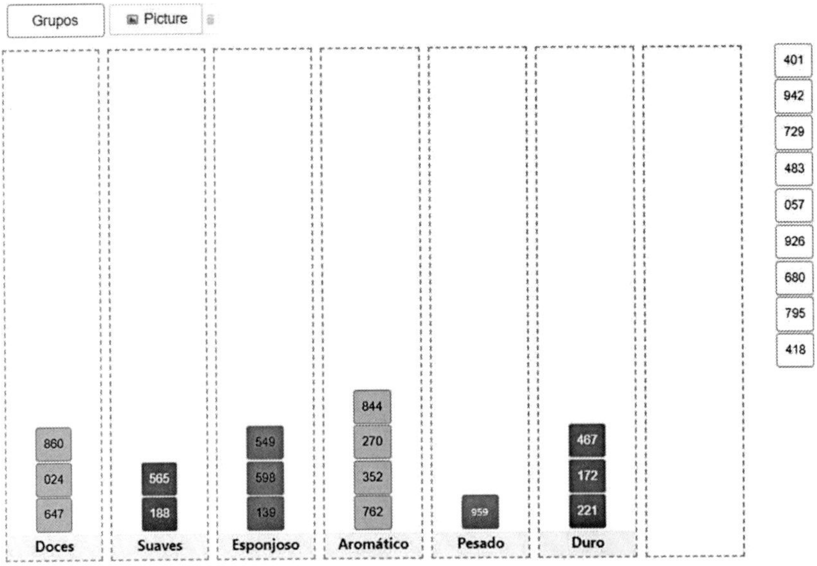

Fonte: os autores (2024)

Análises estatísticas

De maneira geral, as frequências para cada par de produtos são contadas para obter uma matriz de similaridade (Tabela 4) e, posteriormente, gerar uma análise de escalonamento multidimensional (MDS) (Figura 9).

Resultados

Tabela 4 – Frequência de adesão para cada par de amostras, para gerar a matriz de similaridade

	P1	P2	P3	P4	P5	P6	P7	P8	P9	P10	P11	P12	Px
P1	40	2	2	3	0	32	2	0	1	29	1	0	...
P2	2	40	16	26	17	3	6	12	8	3	9	7	...
P3	2	16	40	16	11	3	1	17	17	7	17	1	...
P4	3	26	16	40	16	4	3	7	7	6	4	3	...
P5	0	17	11	16	40	0	7	13	14	2	12	6	...
P6	32	3	3	4	0	40	3	0	0	25	1	0	...
P7	2	6	1	3	7	3	40	4	4	0	4	28	...
P8	0	12	17	7	13	0	4	40	21	3	29	3	...
P9	1	8	17	7	14	0	4	21	40	1	20	4	...
P10	29	3	7	6	2	25	0	3	1	40	3	0	...
P11	1	9	17	4	12	1	4	29	20	3	40	5	...
P12	0	7	1	3	6	0	28	3	4	0	5	40	...
Px	..	..	..	..	..	..	..	..	..	..	..	..	40

Fonte: os autores (2024)

Figura 9 – Escalonamento multidimensional (MDS) para apresentar a relação entre produtos

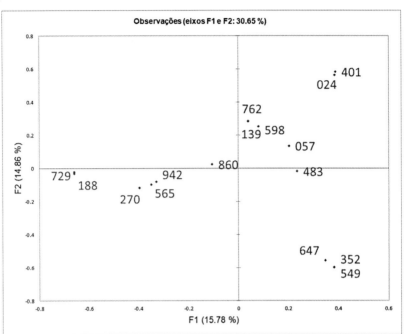

Fonte: os autores (2024)

Considerações

É um método que apresenta repetibilidade, é rápido e simples, o que permite a avaliação de muitos produtos ou estímulos em um curto espaço de tempo. A análise do vocabulário requer tempo, experiência e objetividade. Todos os produtos ou estímulos a serem avaliados devem ser servidos ao mesmo tempo e nas mesmas condições. Quando se tem muitos estímulos ou produtos, pode haver problemas de memória sensorial, o que requer mais avaliações, o que causa saturação.

Projective mapping

Mapa projetivo é também conhecido por uma marca comercial como *Napping*®, proposto por Risvick entre 1990 e 1994. De acordo com o desenho experimental, existem duas variantes, *Global Napping*® ou *Partial Napping*®.

Condições de aplicação

É um método rápido que permite conhecer a descrição dos produtos em estudo, e que, de acordo com os objetivos, pode ser aplicado com os diferentes tipos de painéis sensoriais. Em relação ao número de dados, entre 20 e 80 dados são recomendados para estar em uma área confiável. Não requer escala de avaliação. Sugere-se avaliar no mínimo 10 e até 30 produtos, que devem estar presentes ao mesmo tempo e na mesma sessão; eles são apresentados às cegas, não se faz uma ordem de avaliação. Os atributos são gerados pelos avaliadores. Os resultados são baseados no agrupamento dos estímulos ou produtos de acordo com sua similaridade. É necessário um espaço plano no qual os grupos de produtos sejam posicionados devido à sua semelhança. No caso de aplicá-lo em uma folha de papel, as medidas mais utilizadas são 40 x 60 cm e 60 x 60 cm; quando se utiliza um software para obter os dados, têm um *layout* de espaço plano padrão no qual grupos de produtos semelhantes são posicionados.

Para a variante *Global Napping*®, os produtos são agrupados por sua similaridade, fazendo a avaliação global, utilizando os cinco sentidos. No caso de *Partial Napping*®, os produtos são agrupados por sua similaridade com base em um atributo particular ou em um sentido específico, por exemplo, por cor ou aparência.

Após os avaliadores realizarem o agrupamento, é solicitado que indiquem os atributos que descrevem cada produto, não por grupo conforme solicitado em *Sorting*.

Exemplo e resultados

A concepção do questionário e a captura dos resultados podem ser feitas em papel, com algum meio eletrônico ou com software especializado. A análise dos dados estatísticos pode ser feita com software sensorial especializado ou estatístico. Com o intuito de exemplificar os conceitos do método, sua aplicação, critérios de análise estatística, apresenta-se o seguinte exemplo:

Problema: empanadas recheadas de frutas serão lançadas no mercado, mas só é possível lançar 4 sabores de recheio e são 16 opções, então é preciso selecionar os sabores que diferem entre si.

Objetivo de pesquisa sensorial: selecionar 4 recheios de frutas que permitam ter um portfólio de empanadas de diferentes sabores.

Critério de decisão: selecione 4 recheios de frutas totalmente diferentes.

Desenho de investigação: serão obtidos 30 dados de 30 consumidores. Dezesseis produtos serão avaliados.

Questionário: experimente os 16 recheios de frutas e agrupe-os de acordo com sua semelhança em no mínimo 3 grupos e no máximo em 6 grupos, cada grupo pode ter diferentes quantidades de produtos. Depois de formar os grupos, descreva cada grupo em uma ou duas palavras (Figura 10).

Figura 10 – Exemplo de avaliação *Projective mapping* em empanadas recheadas

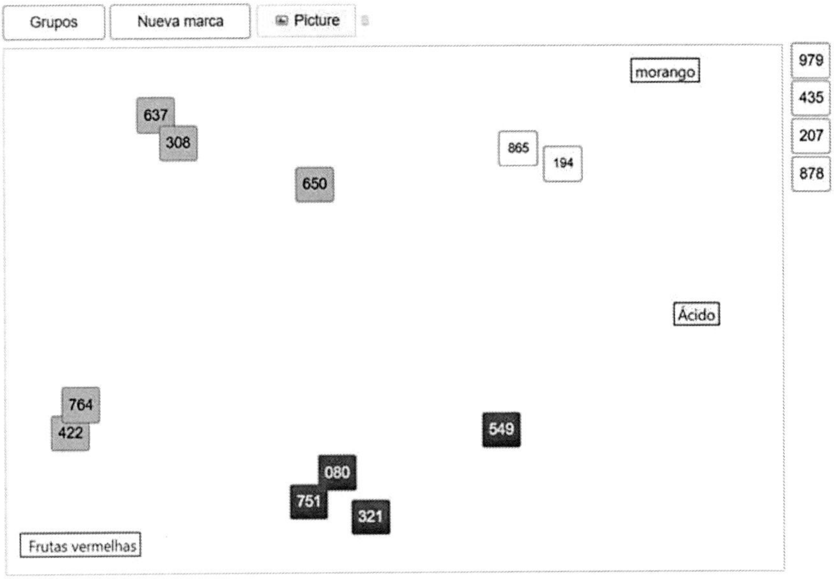

Fonte: os autores (2024)

Análises estatísticas

Com base nas coordenadas de cada produto, é gerada uma tabela consolidando todas as avaliações dos avaliadores e amostras avaliadas. Sugere-se a realização de uma Análise Fatorial Múltipla (MFA) (Figura 11) para poder apreciar:

- Consenso dos produtos.

- Consenso dos avaliadores.
- Uma representação dos descritores (correlação dos termos com o posicionamento do produto).

Resultados

Figura 11 – Exemplo de MFA apresentando a relação entre produtos

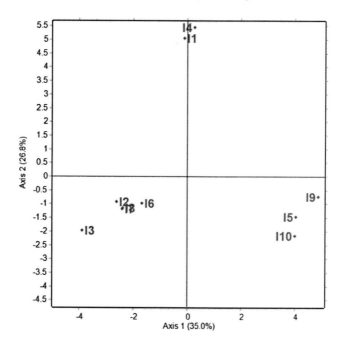

Fonte: os autores (2024)

Considerações

A análise do vocabulário requer tempo, experiência e objetividade, pois sua interpretação com precisão é difícil. Todos os produtos ou estímulos a serem avaliados devem ser servidos ao mesmo tempo e nas mesmas condições. Quando se tem muitos estímulos ou produtos, pode haver problemas de memória sensorial, que exigem mais avaliações que causam saturação. É um método que permite obter um mapa semelhante ao que poderia ser obtido com o método descritivo sensorial e obter um avanço dos descritores.

PSP

O *Polarized Sensory Positioning*, PSP, por sua sigla em inglês, também conhecido como Posicionamento Sensorial Polarizado, proposto por Teillet em 2009, a partir da comparação de produtos em relação a uma referência, com o intuito de apoiar o desenvolvimento de novos produtos e pesquisas junto ao consumidor, também é denominado *What Polarized sensory profile*.

Condições de aplicação

Sugere-se o uso de software para aquisição de dados e análise estatística. Nas investigações sensoriais, a escolha do tipo de avaliador, dependerá dos objetivos da investigação, embora tenha sido aplicado mais frequentemente com consumidores discriminadores e com consumidores. Recomenda-se obter no mínimo 20 dados por produto avaliado, sendo uma zona entre 20 e 80 dados confiáveis. Existem algumas publicações com mais de 300 dados. É possível avaliar de um a vários produtos, em várias sessões, mas deve-se garantir que as referências sejam estáveis e que todos os produtos sejam avaliados pela mesma pessoa. Devem ser estabelecidos os estímulos ou produtos que servirão de referência, o que deve garantir suas características sensoriais ao longo do projeto. As referências também são chamadas de polos. Os atributos a serem avaliados devem ser previamente definidos e especificados nas escalas de referência. É necessária a utilização da escala não estruturada com dimensões definidas e compreendidas pelo avaliador, as âncoras propostas para este método são: 0 = exatamente o mesmo que a referência; e 10 = totalmente diferente da referência.

Exemplo e resultados

O desenho do questionário, a captura dos resultados e a análise dos dados estatísticos podem ser realizados com software sensorial especializado. O seguinte exemplo é proposto:

Problema: desenvolver um produto de massa folhada que integre as características sensoriais de 4 produtos do mercado.

Objetivo de pesquisa sensorial: selecione os dois protótipos mais próximos das referências nos atributos de interesse.

Critério de decisão: Os dois produtos com valores inferiores a 30 pontos na escala em três atributos serão selecionados para continuar a desenvolver o produto de massa folhada.

Projeto de pesquisa: serão obtidos 24 dados de 8 juízes analítico-sensoriais e 3 réplicas. Cinco protótipos serão avaliados.

A Figura 12 apresenta um exemplo de questionário.

Figura 12 – Exemplo de avaliação PSP em um produto panificável, a massa folhada

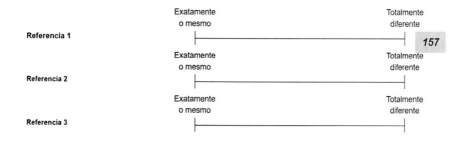

Fonte: os autores (2024)

Análises estatísticas

Pelo fato de a origem dos dados ser intervalo, sugere-se analisar os dados com o mesmo princípio. Dependendo do número de amostras, pode ser *t-student*, Anova e até mesmo análise multivariada, como MFA, pois o avaliador emite a sua opinião pessoal (Tabela 5 e Figura 13).

Resultados

Tabela 5 – Estrutura dos dados por avaliador, produto e referência prévia a realizar análise MFA

	Avaliador 1			Avaliador 2			Avaliador x		
Produto	Ref 1	Ref 2	Ref 3	Ref 1	Ref 2	Ref 3	Ref 1	Ref 2	Ref 3
P1	6	4	2	2	7	6	...	...	...
P2	6	3	3	2	6	3	...	...	...
P3	7	4	2	3	7	3	...	...	...
P4	6	7	3	4	8	4	...	...	...
P5	3	1	2	1	7	5	...	...	...
P6	2	1	1	1	5	7	...	...	...
P7	8	7	2	3	6	6	...	...	...

Fonte: os autores (2024)

Figura 13 – Gráfico de Análise Multifator apresentando relação dos produtos contra as referências

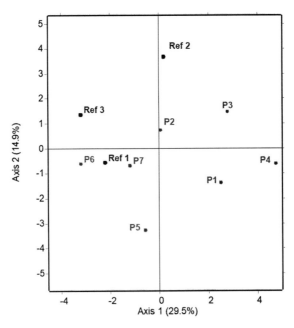

Fonte: os autores (2024)

Considerações

A execução do método é simples e é possível avaliar vários produtos a partir das referências estáveis definidas, sendo possível aplicá-lo junto aos consumidores. Existem dificuldades em relação à definição das referências ou polos. Os resultados do(s) produto(s) em estudo serão projetados a partir das características das referências, obtendo-se indiretamente as descrições, o que é considerado um viés. No caso em que os polos idênticos sejam usados para cada sessão, os dados de várias sessões podem ser agregados, mesmo durante semanas ou meses. A comunidade científica continua realizando ensaios para validar o método e análises estatísticas.

Análise conjunta

Conjoint Analysis, desde meados da década de 1970, tem atraído atenção como um método que retrata de forma realista decisões de consumidores.

Condições de aplicação

O objetivo da abordagem é compreender e prever o comportamento do consumidor através de atributos e níveis de produtos ou serviços desenvolvidos para o mercado. Permitindo, assim, identificar a combinação de atributos que apresentam maior utilidade e importância ao consumidor.

A abordagem geralmente é de decomposição, ou seja, os avaliadores respondem a perfis de produtos holísticos com atributos conjuntos e o analista de dados irá decompor essas avaliações holísticas em um conjunto para os atributos individuais.

A crescente utilização da análise conjunta em marketing e no desenvolvimento de novos produtos para consumidores levou à sua adoção em muitas outras áreas, como segmentação, marketing industrial, preços e anúncios. Os atributos são selecionados pelo pesquisador com base nas hipóteses do estudo, e isso pode resultar nos produtos sendo hipotéticos. Em essência, esta metodologia mede o impacto dos atributos do produto nas preferências do consumidor.

Muitos autores utilizam estímulos que contêm informações sobre características sensoriais, ou até mesmo degustação como método de apresentação em análise conjunta.

Devido a esses fatores, a Análise Conjunta vem se destacando, pois auxilia profissionais de desenvolvimento e pesquisadores a entender a complexidade do processo de escolha e decisão de compra do consumidor, identificando os atributos que influenciam na aceitação e escolha do produto.

Segundo Hair, Black, Babim *et al.* (2009), a flexibilidade e a peculiaridade da análise conjunta surgem a partir de:

1. uma habilidade em acomodar tanto uma variável dependente métrica quanto não métrica;
2. do uso de variáveis preditoras categóricas;
3. de suposições muito gerais sobre as relações de variáveis independentes com a dependente.

A análise conjunta pode ser aplicada em estudos de consumidor para identificar os atributos e respectivos níveis que mais influenciam na escolha, compra e aceitação dos produtos. Variáveis dependentes que podem ser avaliadas: aceitação, qualidade global e intenção de compra.

Para realização da análise conjunta, primeiramente é necessário selecionar os fatores que serão avaliados, sendo estes os atributos que devem ser explorados, seguidos dos possíveis valores de cada fator (níveis). Como exemplo, podemos averiguar na Tabela 6 possíveis fatores e níveis que podem ser explorados.

Tabela 6 – Exemplo de fatores e níveis de um teste de *Conjoint Analysis*

Fator	Nível
Formato do bolo	Redondo, Quadrado
Sabor	Chocolate, Morango

Fonte: os autores (2024)

Exemplo e resultados

Uma empresa de panificação poderia utilizar a Análise Conjunta para auxiliar no desenvolvimento do novo produto mediante a seleção dos fatores e os níveis elucidados na Tabela 6. Sendo assim, possuímos quatro estímulos (2x2) que podem ser formados (Tabela 7). É necessária a realização do delineamento estatístico para que ocorra o mesmo tipo de probabilidade para todos os estímulos, por isso é muito importante delimitar o número de fatores e níveis para a pesquisa não ficar muito extensa.

Tabela 7 – Possíveis estímulos e delineamento para ser apresentado aos avaliadores

Estímulo	Fator 1 (Formato do bolo)	Fator 2 (Sabor)
1	Redondo	Chocolate
2	Redondo	Morango
3	Quadrado	Chocolate
4	Quadrado	Morango

Fonte: os autores (2024)

Como estudo de caso, podemos citar a pesquisa de Gebski, Jezewska--Zychowicz *et al.* (2019), que realizou a análise conjunta para avaliação de *claims* em pães com variações do teor de fibra e do teor sódio. Foram avaliados dois *claims*: "Fonte de fibra" e "Baixo teor de sal", além de duas dosagens utilizadas para o conteúdo de sal e fibra. Na Tabela 8, podemos encontrar os fatores e o delineamento utilizado.

Tabela 8 – Fatores e seus níveis usados na *Conjoint Analysis*

Estímulo	*Claim* 1: Fonte de fibra	*Claim* 2: Baixo teor de sal	Conteúdo de sal por 100 g de produto	Conteúdo de fibra por 100 g de produto
1	Sim	Sim	0,12	3
2	Sim	Não	0,46	2,1
3	Não	Sim	0,46	2,1
4	Não	Não	0,46	3
5	Não	Não	0,12	2,1

Fonte: Gebski; Jezewsaka-Zychowicz *et al.* (2019)

Análises estatísticas

A tratativa dos resultados para a análise conjunta deve seguir primeiramente pela análise de cluster e, após o grupamento dos resultados, deve ser realizada Anova (Análise de Variância). A análise de dados pode ser realizada também por meio do software gratuito ConsumerCheck (ConsumerCheck – A free open source data analysis tool).

Resultados

Ao todo, 330 consumidores de pão avaliaram as amostras e indicaram preferência positiva quando os *claims* de teor de fibra e sal estavam junto, mas o teor de sal teve maior importância em comparação com o teor de fibra, quando avaliado separadamente.

Considerações

A análise conjunta é uma técnica multivariada utilizada para entender o impacto dos fatores nas preferências do consumidor. É um método que auxilia no desenvolvimento de novos produtos, embalagem, *claims*, entre outros. Pode ser utilizado em conjunto com outros testes com consumidores (aceitação, preferência, CATA).

Questionário das emoções

Os métodos clássicos sensoriais que envolvem o estudo com consumidores têm avaliado principalmente os aspectos hedônicos ante os produtos, no entanto esse conceito está mudando graças aos estudos multissensoriais. O uso de escalas que envolvam emoções tem se tornado uma ferramenta útil durante todo o processo de desenvolvimento de novos produtos até o momento da compra.

O ambiente, a marca, a embalagem, a propaganda, o influenciador digital podem modificar e influenciar o consumidor em relação aos alimentos, e, por isso, uma lista de emoções associadas aos alimentos foi desenvolvida pelos pesquisadores King e Meiselman. O *EsSence Profile*® é uma lista de termos relacionados com as emoções e que foram validados com os consumidores, em geral de 30 a 40 termos descritores de emoções. Esse método possui um número apropriado de emoções, negativas, positivas e neutras, de modo que seja possível caracterizar, de forma mais completa, as respostas emocionais em relação aos alimentos.

A relação existente entre alimentos e emoções está se tornando uma importante área de estudos. As respostas emocionais fornecem importantes informações sobre os produtos, que vão além das respostas obtidas nos métodos clássicos afetivos.

Pesquisas demonstram que os consumidores possuem uma vasta impressão pessoal relacionada às emoções, que será acionada em resposta a eventos de maior ou menor impacto, desde uma perda pessoal até a exposição à publicidade ou encontro com um vendedor. Estas respostas emocionais serão filtradas e resultarão em um amplo conjunto de comportamentos, tais como compras por impulso e busca por variedade. Esse comportamento específico dependerá de fatores como as normas culturais sobre o que é apropriado para sua idade, gênero, raça e situação socioeconômica.

Um número apropriado de termos de emoções é necessário para caracterizar, de forma mais completa, as respostas emocionais em relação aos alimentos. As intensidades das emoções também estão relacionadas a uma maior frequência de uso do produto. Além disso, diferentes categorias de alimentos requerem modificações da lista de descritores de emoções específicas.

Spinelli *et al.* (2014) propuseram outro questionário, o *EmoSemio*, com o objetivo de descrever emoções específicas e resolver algumas limitações encontradas em estudos sobre emoções relacionadas ao consumo de alimentos. Esse questionário possui 23 termos, e pode ser usado amplamente nos mais diversos alimentos.

O *EmoSemio* não possui limitações quanto ao número de amostras e a maneira de servi-las, mas sugere no mínimo 50 avaliadores não treinados e no mínimo 12 treinados.

Como os alimentos podem sugerir emoções específicas, os pesquisadores recomendam realizar um teste prévio para verificar os termos mais relevantes, ou ainda, acrescentar livremente outros termos, já que esses podem ser diferentes, dependendo do país, língua, região ou cultura.

As amostras podem ser apresentadas na forma de figuras ou servidas em pratos de porcelana branca ou em suas embalagens originais (caso se queira verificar as emoções relacionadas ao produto e a embalagem).

A aplicação do teste é semelhante ao teste CATA, o pesquisador faz uma seleção prévia dos termos mais aplicáveis para o produto e então a ficha é elaborada.

Exemplos de termos que podem ser adotados incluem: afetuoso, agressivo, entediado, calmo, ansioso, energético, entusiasmado, duvidador, receoso, preocupado, culpado, nojo, triste, desanimado, raiva, medo, insatisfeito, decepcionado, surpreso, curioso e indiferente.

É solicitado que se concentrem nas emoções sentidas durante a visualização do alimento, marcando as respostas emocionais com as quais se identificam.

A análise dos dados pode ser realizada por Anova (teste de variância), a fim de se obter a significância de cada termo. Posteriormente, os termos mais significativos podem ser analisados por suas frequências absolutas, na forma de tabelas ou pela Análise de Correspondência (caso se tenha mais de uma amostra), ou Análise de Componentes Principais (para o caso de uma amostra), caso se queira a interpretação por gráficos.

Exemplos de aplicação:

- Mudança em embalagens ou marcas.

- Avaliação de novas características de um produto.

- Estudo para alimentos destinados a crianças ou adolescentes.

- Desenvolvimento de novos produtos, principalmente para públicos com necessidades especiais, celíacos, alergia ao glúten, *low carb*, dietético.

Associação de palavras

A técnica de associação de palavras há muito é usada nas áreas de psicologia e sociologia. É uma metodologia qualitativa que começa a ser utilizada também nas ciências sensoriais. Essa técnica investiga a percepção dos consumidores perante produtos alimentícios.

O consumidor é estimulado a descrever ou citar o que lhe vier na mente ao observar um alimento ou embalagem. Esse método fornece informações cognitivas, partindo do pressuposto de que a primeira associação que vem à mente dos consumidores pode ser a mais relevante no momento da decisão de compra.

A vantagem do teste se dá pela sua rapidez, praticidade e riqueza de detalhes, quando comparado a outros métodos afetivos, além de ser realizado em pouco tempo (durante a aplicação do teste) e baixo custo ou nulo. Os dados podem ser coletados por estímulos transmitidos em documentos digitalizados, utilizando a internet como uma ferramenta para difundir a pesquisa. Sua desvantagem está na análise dos dados, os quais podem ser em grande volume, demandando muito tempo do pesquisador.

Juntamente com o teste, o pesquisador pode indagar os consumidores quanto a sua faixa etária, gênero, condição socioeconômica, hábitos e frequência de consumo, escolaridade e atitude de compra. Não há limitação quanto ao número de amostras ou imagens, e podem ser apresentadas de forma monádica ou várias ao mesmo tempo.

Quanto ao número de participantes também não há um número exato, pois é considerada uma pesquisa de conveniência, no entanto é recomendável acima de 70 consumidores. Na aplicação do teste, os consumidores são solicitados a escrever, livremente, três ou quatro palavras, pensamentos ou associações que lhes vêm à mente ao visualizar o produto ou embalagem.

Na análise dos dados é preferível que três pesquisadores avaliem as respostas. Normalmente, as respostas são na forma de frases, palavras repetidas ou semelhantes ou com associação a outro alimento ou produto. Essas respostas são agrupadas em categorias ou dimensões, ou seja, as palavras ou frases que possuem alguma associação entre si. Exemplo de categorias ou dimensões:

- Atitudes hedônicas e sentimentos: terá palavras que estejam relacionadas a gostoso, ruim, saboroso.

- Características sensoriais: palavras relacionadas a atributos sensoriais de sabor, textura, aroma.

Com essas categorias, se realiza o cálculo de frequência em que aparecem as palavras e constrói-se uma tabela com as porcentagens.

A frequência de citação de cada categoria é determinada pela contagem do número de consumidores que utilizaram palavras semelhantes ou iguais. A classificação das palavras pode ser analisada pelo método *Cluster* ou por Análise de Correspondência para identificar semelhanças entre a classificação, ou ainda a representação somente por tabela e porcentagens ou gráfico de barras com as palavras mais citadas.

Um exemplo de aplicação é o estudo de embalagens e novos produtos.

JAR *(Just-About-Right)*

JAR é uma técnica usada na avaliação de atributos sensoriais de produtos. Sugere-se ter no mínimo 50 dados, com intervalo de confiança de 45 a 100 dados, para poder utilizar avaliadores não treinados. Frequentemente aplicado em estudos de preferência do consumidor, pesquisa de mercado e desenvolvimento de produtos, o objetivo do método é determinar a intensidade ideal de um determinado atributo sensorial, ou seja, identificar o nível desse atributo que é considerado "quase certo" pelos consumidores. O método utiliza uma escala bipolar, podendo ser de 3, 5, 7 ou 9 pontos, baseando-se na suposição de que os consumidores preferem um produto quando um atributo específico atinge um determinado nível, nem excessivamente forte nem muito fraco. O método JAR pode ser aplicado a uma ampla variedade de atributos sensoriais, como sabor, aroma, textura, cor, doçura, salinidade, entre outros. É uma ferramenta útil para entender as preferências dos consumidores e direcionar a formulação de produtos de acordo com essas preferências, aumentando assim a satisfação do cliente e a aceitação do produto no mercado.

Condições de aplicação

O processo de aplicação do método JAR geralmente envolve o recrutamento de um grupo de consumidores representativos para avaliar diferentes níveis do atributo em questão. Por exemplo, se o atributo é o sabor doce em um produto alimentício, diferentes amostras do produto são preparadas com níveis crescentes ou decrescentes de doçura. Os participantes são então solicitados a avaliar cada amostra em termos de intensidade do atributo, indicando se está muito fraco, fraco, um pouco fraco, ideal, um pouco forte, forte ou muito forte.

Exemplo e resultados

A ficha sensorial pode ser desenvolvida utilizando uma escala de 3, 5, 7 ou 9 pontos, sendo ao valor central atribuído o termo "ideal". A seguir exemplificamos o uso do método e a análise estatística dos resultados.

Problema: uma padaria gostaria de produzir pães com diferentes níveis de maciez e queira identificar o ponto em que a textura é considerada "quase certa" pelos consumidores.

Objetivo da pesquisa sensorial: determinar o ponto ideal da maciez dos pães.

Critério de decisão: se os consumidores indicarem que o ponto *"just about right"* está entre 2 e 3 na escala de maciez. Com base nesses resultados, a padaria poderá ajustar o tempo de fermentação da massa para atingir a maciez referida pelos consumidores.

Desenho da pesquisa: serão previamente recrutados 60 consumidores e serão avaliados 2 produtos, um com tempo de fermentação mais curto, resultando em um pão mais denso e menos macio, e outro com tempo de fermentação mais longo, resultando em um pão mais leve e mais macio. Cada participante receberá pequenas porções das diferentes amostras de pão e será solicitado a avaliar a maciez de cada uma delas. Será utilizada uma escala de sete pontos, indo de "muito duro" a "muito macio", indicando o ponto em que consideram que a textura está *"just about right"*.

Nas figuras 14 e 15 **estão** apresentados exemplos de questionário.

Figura 14 – Exemplo de ficha sensorial utilizando uma escala de 7 pontos

Por favor, selecione na escala o ponto que melhor descreve a intensidade de cada característica que, na sua opinião, deveria ter um pão de forma ideal:

Maciez

- o Muito mais macio que o ideal
- o Regularmente mais macio que o ideal
- o Levemente mais macio que o ideal
- o Ideal
- o Levemente mais duro que o ideal
- o Regularmente mais duro que o ideal
- o Muito mais duro que o ideal

Fonte: os autores (2024)

Figura 15 – Exemplo de ficha sensorial utilizando uma escala de 7 pontos

Por favor, selecione na escala o ponto que melhor descreve a intensidade de cada característica que, na sua opinião, deveria ter um pão de forma ideal:

Maciez

○	○	○	○	○	○	○
Muito mais macio que o ideal	Regularmente mais macio que o ideal	Levemente mais macio que o ideal	Ideal	Levemente mais duro que o ideal	Regularmente mais duro que o ideal	Muito mais duro que o ideal

Fonte: os autores (2024)

Análises estatísticas

A análise estatística dos dados do método JAR envolve o uso de técnicas adequadas para determinar o ponto ideal ou *"just about right"* para o atributo sensorial em estudo. Existem várias abordagens possíveis para analisar os dados do método JAR, entre elas análise descritiva, análise gráfica, análise de preferência e/ou análise de diferença significativa. É importante destacar que as técnicas estatísticas específicas a serem aplicadas podem variar dependendo do design do estudo, da distribuição dos dados e dos objetivos de pesquisa. A análise estatística dos dados do método JAR geralmente envolve a utilização de software estatístico adequado para realizar os cálculos e testes necessários.

Considerações

Os resultados deste estudo permitiriam à padaria produzir pães com a textura desejada pelos consumidores, aumentando a satisfação do cliente e a aceitação dos produtos no mercado. Além disso, a padaria poderia utilizar essas informações para ajustar sua receita e diferenciar-se dos concorrentes, oferecendo uma experiência de pão com a maciez ideal para seus clientes.

MÉTODOS TEMPORAIS

A percepção sensorial de alimentos e bebidas é um fenômeno dinâmico e integrado, considerando que as propriedades sensoriais de sabor, aroma e textura transformam-se ao longo do processamento oral dos alimentos. Os diferentes processos envolvidos na fragmentação dos alimentos desde o momento em que são colocados na boca, com uma série de ciclos mastigatórios, incorporação de saliva, os movimentos da língua até sua completa deglutição, estão profundamente relacionados à natureza dinâmica das sensações sensoriais. Portanto, a percepção de sabor e textura não são eventos únicos ou um processo que ocorre a uma taxa constante, mas estão suscetíveis a constantes mudanças, e essa dinâmica tem grande influência na aceitação e satisfação do consumidor.

As metodologias descritivas temporais investigam como acontece a percepção das sensações resultantes de um processamento oral dinâmico e complexo ao longo do tempo de ingestão do produto alimentício. Os testes temporais, a exemplo do *Temporal Dominance of Sensations (TDS)* e *Time-Intensity (TI)*, fornecem uma melhor compreensão com maior riqueza e detalhamento nas descrições sensoriais a respeito do perfil sensorial do produto, refletindo a realidade dinâmica da percepção sensorial e de consumo. A metodologia de TI foi empregada pela primeira vez por Holway e Hurvich em 1937, mas somente algumas décadas depois ela e as demais técnicas foram aprimoradas e utilizadas com mais eficiência devido ao advento e disseminação dos computadores. A metodologia de TDS foi proposta com o objetivo de superar algumas das desvantagens do método TI, como a duração dos experimentos em função da exigência de treinamento dos avaliadores e evitar o efeito halo-dumping (a superestimação da percepção de um atributo em função de ser analisado isoladamente), entretanto, com o decorrer das aplicações, observa-se que são metodologias com princípios diferentes e complementares em muitas situações. A metodologia de TDS foi desenvolvida no Centre Européen des Sciences du Goût, no laboratório LIRIS, em 1999, e apresentada pela primeira vez, no Pangborn Symposium, por Pineau, Cordelle e Schlich no ano de 2003.

Temporal Dominance of Sensations (TDS)

O TDS é um método multiatributo que visa rastrear a sequência de atributos sensoriais percebidos como dominantes ao longo do tempo de ingestão. Ou seja, os avaliadores identificam a sensação percebida como dominante até que a mesma termine ou outra sensação venha prevalecer como dominante durante a ingestão do alimento. O conceito de dominante é definido como a sensação que capta/atrai a atenção, a mais marcante, em um determinado momento, sendo que pode ser percebida repentinamente, mas não necessariamente a mais intensa.

A metodologia TDS é amplamente aplicada para avaliar a percepção dinâmica de diferentes produtos ao longo do tempo, obtendo um perfil de sensações temporal, como em estudos com chocolates, queijos, kefir, no estudo de substituição da sacarose em bebidas ácidas e em iogurte, na substituição do cloreto de sódio, para descrever a evolução temporal das sensações em bebidas alcoólicas e pães.

Desde o surgimento da metodologia de TDS, existe uma grande variação em relação aos procedimentos do teste e a definição clara de etapas, por isso, abordaremos os requisitos básicos para execução da metodologia. Também abordaremos neste capítulo um dos softwares livres e gratuitos que permitem a aquisição e análise de dados de TDS e também de Tempo-Intensidade (que será tratado mais adiante no capítulo), o *SensoMaker*, que foi desenvolvido por Pinheiro, Nunes e Vietoris em 2013.

Princípio do teste

Os avaliadores são apresentados a uma lista de atributos predeterminada na tela do programa computacional e são solicitados a realizar a leitura antes de iniciarem o teste. Logo, em seguida, são instruídos a pressionar o botão iniciar assim que o produto estiver na boca e selecionar o(s) atributo(s) dominante(s) percebido(s) durante a ingestão do produto (tempo predeterminado). A partir de então, cada vez que o avaliador sentir que a percepção mudou, ele deve marcar o novo atributo dominante, até que a percepção termine. O analista deve reforçar aos avaliadores que, ao considerarem que o atributo dominante mudou, devem selecionar um novo atributo, pois, em geral, o computador continua a registrar o atributo selecionado até que algo mude e um novo atributo dominante seja selecionado.

No decorrer do teste, o avaliador é livre para selecionar um atributo várias vezes e, por outro lado, pode acontecer que outro atributo não seja selecionado. O programa computacional durante o teste registra para cada atributo selecionado o tempo decorrido desde que o botão iniciar foi clicado e o nome do atributo escolhido. É importante levar em consideração que o protocolo de degustação específico difere dependendo das características dos produtos e do objetivo do estudo.

Seleção e treinamento do painel

Rodrigues *et al.* (2016a) relataram diferenças nos perfis sensoriais temporais obtidos usando diferentes painéis sensoriais: consumidores, painel selecionado e painel selecionado, mas familiarizado com os atributos. Os três painéis diferentes foram compostos por 10 indivíduos que realizaram o teste em triplicata e avaliaram três amostras de chocolates com diferentes concentrações de cacau: 35% (ao leite), 53% (meio amargo) e 63% (amargo).

Os consumidores participaram de duas sessões de uma hora cada, usadas para explicar o conceito do TDS e para apresentá-los ao programa *SensoMaker*. O painel selecionado realizou os testes de reconhecimento de gostos básicos, aromas e testes discriminativos, e, posteriormente, foi explicado o conceito do TDS e apresentado o programa. Por fim, o painel selecionado e familiarizado, difere do painel anterior, apenas por ter realizado uma fase de familiarização (3 sessões) com as sensações envolvidas na análise, em que lhes foram apresentadas referências relativas a cada sensação. Os resultados revelaram que os diferentes painéis forneceram descrições diferentes para os chocolates com 35% e 53% de cacau e descrições semelhantes para o chocolate 63% de cacau. Ainda de acordo com os autores, os consumidores apresentaram um desempenho satisfatório na execução do teste e os demais painéis com protocolo de seleção associado com as sessões de apresentação do método, noção de temporalidade e familiarização precisam ser mais investigados.

Levantamento e ordem de atributos

A maneira mais utilizada de construir uma lista de atributos é por meio do grupo de foco, que consiste em uma reunião realizada com equipe sensorial, na qual são apresentadas amostras com diferentes propriedades sensoriais (produtos em teste) e solicitado que as provem e anotem todas as sensações percebidas. Em seguida, inicia-se uma discussão em grupo, sob a supervisão de um moderador, durante a qual os atributos hedônicos, quantitativos e irrelevantes são eliminados, os sinônimos combinados e os atributos citados com maior frequência são selecionados e mantidos para o teste definitivo.

De acordo com Pineau *et al.* (2009, 2012), é recomendado utilizar em torno de 8 a 10 atributos sensoriais e, para evitar qualquer efeito de ordem, deve-se aleatorizar a ordem dos atributos entre os avaliadores, ou seja, a ordem deve ser a mesma para um determinado avaliador durante todo o teste e diferente para cada um.

Análise e interpretação de dados

Os programas computacionais normalmente registram o nome do atributo dominante, o momento em que um atributo foi selecionado como dominante e a duração da dominância que se refere ao tempo decorrido entre a seleção de um atributo e o seguinte, ou seja, tempo em que um atributo é considerado dominante até que outro seja pontuado.

Os dados de TDS são representados por curvas de TDS que mostram as taxas de dominância dos atributos (eixo y) em função do tempo (eixo x) para cada amostra, conforme observado na Figura 16. A taxa de dominância é calculada como a proporção (ou porcentagem) de citações de um atributo por todo o painel, ou seja, dividindo o número de seleções de um atributo (todas as repetições) em cada momento pelo número de avaliadores e o número de repetições. Quanto maior a taxa de dominância do atributo, maior a proporção de avaliadores que o consideram dominante e, portanto, maior será sua dominância no painel. Nas curvas de TDS são traçadas duas linhas: nível de chance (*chance level*) e nível de significância (*significance level*).

O nível de chance (P_0) é a taxa de dominância que um atributo pode obter ao acaso, considerando o número de atributos disponíveis para escolha, equação 1:

$$P_0 = 1/p \tag{1}$$

onde *p* é o número de atributos.

O nível de significância é o valor mínimo que essa proporção deve igualar para ser considerada significativamente maior que P_0. É calculado usando o intervalo de confiança de uma proporção binomial com base em uma aproximação normal, equação 2:

$$P_s = P_0 + 1,645 \sqrt{P_0(1-P_0)} /n \tag{2}$$

onde:

Ps: menor valor de proporção significativa ($\alpha=0.05$) em qualquer ponto do tempo para uma curva de TDS

$P_0 = 1/p$, sendo p: número de atributos

n: número de execuções (julgamentos x repetições)

1,645: valor z para uma distribuição normal unilateral considerando um nível de significância de 5%.

É importante ressaltar que, para atender o intervalo de confiança de uma proporção com base em uma aproximação normal, é recomendado que o número de respostas atenda a condição de , sendo *n* o número de respostas e *p* a probabilidade de sucesso. Essa condição determinará em caso de painel treinado o número de repetições, em geral, realizadas em duplicata ou triplicata.

Os níveis de chance e significância são plotados como linhas horizontais no gráfico das curvas de TDS, e os atributos serão significativamente dominantes sempre que atingirem ou ultrapassarem o nível de significância. As curvas de TDS também permitem identificar a sequência em que os atributos são percebidos como dominantes.

Na Figura 16 está representado um exemplo de uma curva de TDS, em que se caracterizou dinamicamente a liberação e a percepção do aroma durante o processamento oral de pão branco no estudo realizado por Pu *et al.* (2019). As curvas de TDS indicaram que os aroma azedo (*sour*), aroma semelhante à fermentação (*fermentation-like*) e aroma semelhante à farinha (*flour-like*) foram significativamente dominantes. O atributo cremoso esteve acima da linha de chance após aproximadamente 14 segundos de mastigação, porém não atingiu a linha de significância. Sendo assim, não contribuiu significativamente para a percepção do aroma do pão durante o processamento oral. A percepção do aroma semelhante à fermentação foi o primeiro atributo dominante e sua pre-valência durou, aproximadamente, de 8 a 10 s, tornando-se insignificante após 11 segundos. O atributo aroma azedo foi percebido como o segundo atributo dominante durante o intervalo aproximado de 7 a 12 segundos, enquanto o aroma semelhante à farinha foi percebido como dominante após 12 segundos, ou seja, no estágio final da mastigação, e continuou a aumentar até a deglutição.

Figura 16 – Curva de TDS de pão branco

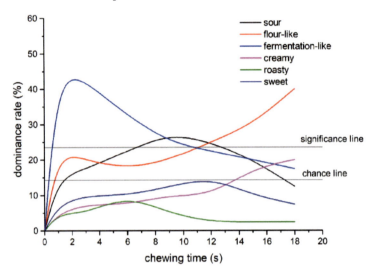

Fonte: Pu *et al.* (2019)

Além das curvas de TDS, as curvas de diferença TDS são comumente traçadas para comparações entre duas amostras. As curvas são desenhadas subtraindo as taxas de dominância de duas amostras para cada atributo em cada ponto do tempo. Elas são plotadas apenas quando significativamente diferentes de zero, de acordo com um teste clássico de comparação de proporções binomiais. De acordo com Pineau *et al.* (2009), o limite de significância para cada curva de diferença ao longo do tempo é obtido usando um teste para comparar duas proporções binomiais, conforme a equação 3:

$$P_{t\,diff} = 1{,}96 \sqrt{\left(\frac{1}{n_1} + \frac{1}{n_2}\right) P_{moy\,t} \left(1 - P_{moy\,t}\right)} \text{ onde } P_{moy\,t} = \frac{(P_{1t}n_1 + P_{2t}n_2)}{n_1 + n_2} \qquad (3)$$

onde:

$P_{t\,diff}$: diferença mínima significativa ($\alpha=0.05$) para diferença de proporção no tempo t;

P_{1t}: proporção para o produto 1 no tempo t;

P_{2t}: proporção para o produto 2 no tempo t;

n_1: número de avaliadores x repetição com produto classificado como 1;

n_2: número de avaliadores x repetição com produto classificado como 2.

A Figura 17 mostra um exemplo das curvas de diferença TDS entre dois produtos lácteos denominados como FC e FK, apresentado por Pineau *et al.* (2009). O produto FC apresenta taxas de dominância significativamente maiores para os atributos: pastoso (início da avaliação), diacetil, ácido e por ser um produto que derrete na boca. Por outro lado, o produto FK é percebido significativamente mais gorduroso na faixa entre 20 e 40 segundos.

Figura 17 – Representação gráfica das curvas de diferença TDS entre os produtos FC e FK

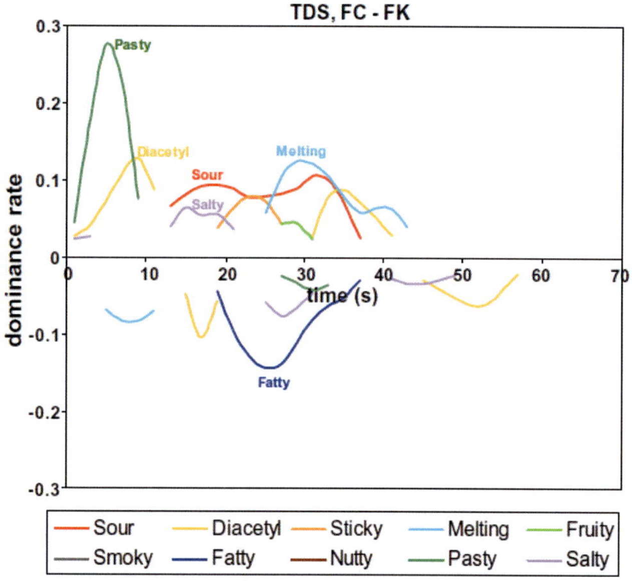

Fonte: Pineau *et al.* (2009)

Time-Intensity (TI)

A técnica consiste em monitorar o comportamento da intensidade percebida de um determinado atributo ao longo do tempo de ingestão de um determinado produto, ou seja, registra-se o momento em que o estímulo começa a ser percebido, quando atinge sua intensidade máxima e quando começa a diminuir até a não percepção do estímulo.

A análise de TI é aplicada quando se deseja avaliar a intensidade de um estímulo específico, como, por exemplo, a doçura em um estudo de substituição da sacarose por edulcorantes, aromas, gosto salgado em produtos com substituição do sal (NaCl) por outros tipos de sais, avaliação de duração de flavorizantes em balas e confeitos, avaliação da percepção de pungência em bebida alcoólica e mostarda.

A metodologia de TI é realizada com uma equipe de avaliadores selecionados e treinados e consiste basicamente em quatro etapas: recrutamento e seleção de avaliadores, treinamento, teste definitivo e análise dos resultados.

A etapa de recrutamento e seleção de avaliadores segue os mesmos princípios dos métodos descritivos tradicionais como o Perfil Descritivo Quantitativo. No recrutamento é importante que algumas questões em relação aos participantes sejam avaliadas, como, por exemplo, disponibilidade de tempo, considerando que o teste demanda um tempo maior para execução; capacidade de concentração; ausência de problema de saúde que comprometa o teste ou que impossibilite a ingestão do alimento; vontade de contribuir com a pesquisa, entre outros.

Os avaliadores são selecionados com base no desempenho individual em uma sequência de testes de reconhecimento de gostos básicos e de aromas e testes discriminatórios. A equipe final deverá ser composta de 8 a 12 avaliadores selecionados e treinados, e, dessa forma, recomenda-se pré-selecionar no mínimo o dobro do número de avaliadores.

O treinamento de avaliadores é uma das etapas mais importantes em testes descritivos para garantir um painel de avaliadores consistente e padronizado, isto é, avaliadores com boa capacidade discriminatória e sensibilidade, que sejam reproduzíveis em suas avaliações de amostras idênticas e concordem em grupo quanto à sua percepção, por meio de sessões de treinamento.

Nessa etapa os avaliadores são treinados para quantificar a percepção do estímulo e avaliar as mudanças ao longo do tempo com amostras de referência e também são familiarizados com a dinâmica do teste e com o programa computacional utilizado para aquisição dos dados. A quantidade de amostra que o avaliador deverá colocar na boca deve ser padronizada e suficiente em cada avaliação, pois interfere diretamente no tempo total de percepção e até mesmo na intensidade do estímulo. Ainda na fase de treinamento o analista deve instruir os avaliadores quanto ao protocolo de ingestão do produto, se será em um único gole ou mordida, levando a quantidade total de amostra à boca para iniciarem o teste, ou algum protocolo mais complexo. O tempo de atraso (*delay time*) refere-se ao tempo cronometrado antes de iniciar o tempo da análise, utilizado para os avaliadores levarem a amostra até a boca e/ou para iniciar a mastigação.

No decorrer da etapa de treinamento, o analista, juntamente com a equipe sensorial, também deve definir o tempo máximo necessário para avaliação das amostras, garantindo que seja maior que o tempo de dura-ção do estímulo para que não aconteça de o tempo total do teste terminar antes que toda percepção sensorial finalize e, por outro lado, para que as avaliações não sejam excessivamente tediosas. Esse tempo é variável, pois depende da complexidade do produto alimentício em estudo, como, por exemplo, a textura (sólido, líquido, crocância, dureza) e se apresenta sabor/gosto residual.

Assim como nos métodos descritivos tradicionais, ainda na fase de treinamento, logo após serem definidos os requisitos mencionados anteriormente, e avaliadas as amostras de referência para padronização da percepção do atributo a ser avaliado, os avaliadores realizam um teste preliminar de forma isolada em cabines individuais com o objetivo de avaliar e monitorar o desempenho individual e do painel sensorial. Um subconjunto de amostras é servido aos avaliadores em triplicata em duas ou três sessões.

Na avaliação do desempenho individual dos avaliadores recomen-da-se avaliar o poder de discriminação das amostras, repetibilidade de resultados e concordância com a equipe. Em geral, esses critérios são mensurados utilizando-se os dados dos parâmetros das curvas de TI (Figura 16), por meio da análise de variância (Anova) com duas fontes de variação (amostra e repetição) dos dados do teste preliminar em soft-wares estatísticos. O programa estatístico *PanelCheck* é um dos softwares de código livre, gratuito, que apresenta uma interface gráfica intuitiva e fácil de usar, permitindo uma análise rápida e eficiente do desempenho de avaliadores sensoriais.

O critério poder de discriminação das amostras é satisfatório se a probabilidade de o F de amostra apresentar valor inferior a 0,50 (p $F_{amostra} \leq 0,05$), indicando que o avaliador consegue perceber diferença na intensidade do estímulo das amostras. Para a repetibilidade de resulta-dos, deseja-se que a probabilidade do F de repetição seja maior que 0,05 (p $F_{repetição}$ ≥ 0,05), indicando que ele foi capaz de repetir as avaliações atribuindo escores de intensidades semelhantes. Outras abordagens estatísticas também podem ser feitas, como, por exemplo, técnicas multivariadas (*principal component analysis* – PCA). Os resultados determinarão a necessidade de treinamento adicional.

Na etapa final os avaliadores selecionados e treinados recebem as amostras monadicamente e são solicitados a monitorar a intensidade de um determinado estímulo ao longo do tempo, por meio de programa computacional, utilizando uma escala não estruturada, e o teste é realizado em triplicata. No TI é possível avaliar somente um atributo por vez.

Os dados de TI são geralmente representados por curvas de TI nas quais se tem a intensidade do estímulo em função do tempo (Figura 18). Uma curva de TI pode ser construída para cada avaliador, a partir da qual é possível extrair vários parâmetros (Figura 18). Em geral, os parâmetros mais utilizados são:

- Intensidade máxima (I_{max}.): intensidade máxima percebida do estímulo durante o teste.

- Tempo da intensidade máxima (TI_{max}.): corresponde ao momento em que o estímulo atinge a intensidade máxima de percepção.

- Tempo total (T_{tot}.): duração total de percepção do estímulo.

- Platô (*plateau*): corresponde ao tempo de duração da intensidade máxima.

- Área sob a curva: indica a amplitude total ou resposta gustativa total.

Uma pequena variação nas descrições dos parâmetros pode existir entre os softwares disponíveis para análise de TI. No *SensoMaker*, além da Imáx, Platô e área, obtêm-se os seguintes parâmetros:

- TI 5%: tempo em que a intensidade do estímulo é 5% da I_{max}. na parte crescente da curva.

- TD 5%: tempo em que a intensidade do estímulo é 5% da I_{max}. na parte decrescente da curva.

- TI 90%: tempo em que a intensidade do estímulo é 90% da I_{max}. na parte crescente da curva.

- TD 90%: tempo em que a intensidade do estímulo é 90% da I_{max}. na parte decrescente da curva.

Figura 18 – Representação da curva e os parâmetros do TI obtidos no programa *SensoMaker*

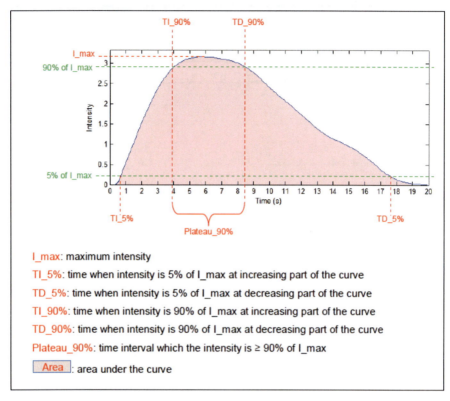

Fonte: Nunes e Pinheiro (2014)

Os parâmetros do TI são geralmente analisados pelas mesmas abordagens consideradas nas análises descritivas tradicionais. Os parâmetros do TI são extraídos de cada curva em cada registro individual e, em seguida, podem ser analisados por Anova ou outros testes estatísticos que comparam os valores médios. O PCA é um método alternativo que pode ser usado para levar em consideração as diferenças entre as curvas individuais dos avaliadores.

A seguir, apresentamos um tutorial de aquisição e análise de dados de TDS e TI utilizando o software *SensoMaker*.

a. **Aquisição dos dados para TDS**

Para realizar a coleta dos dados de TDS é necessário clicar no botão "*Temporal Dominance of Sensations*" no canto inferior direito (Figura 19).

Figura 19 – Exemplo do software *SensoMaker* para avaliação do TDS

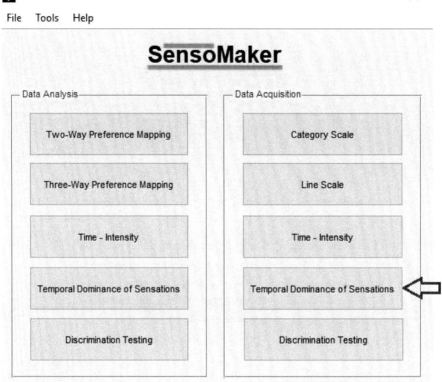

Fonte: os autores (2024)

Agora irá começar a coleta dos dados (Figura 20). No *SensoMaker* pode escrever as instruções da análise para os avaliadores (**1**). Em seguida, com o campo *"Directory"* selecione o local para salvar os arquivos dos dados coletados. O diretório pode ser, por exemplo, a Área de trabalho ou "Meus documentos" (**2**). Para a correta coleta dos dados, é necessário que os avaliadores insiram no campo *"File name"* o seu nome mais o código da amostra avaliada (**3**). No campo *"Total time"* deve-se inserir o tempo total da avaliação (**4**). Enquanto no campo *"Delay time"* pode-se inserir um tempo de atraso que é contado antes de iniciar o tempo da análise. Esse tempo pode ser utilizado para os avaliadores levarem a amostra até a boca e/ou para iniciar a mastigação (**5**). Em seguida, deve-se definir os nomes das sensações ou dos atributos. Lembrando que os atributos dependerão do produto que será avaliado. Não é necessário preencher todos os campos com atributos (**6**). Após todas essas etapas, pode-se iniciar a análise sensorial. O avaliador deve levar o alimento até a boca e, de imediato, apertar o campo "*Start*" (**8**). Em seguida, o avaliador deverá selecionar as sensações dominantes (**7**), selecionando o botão com o atributo adequado. A sensação que o avaliador escolher ficará verde. O avaliador poderá mudar as sensações sempre que achar necessário ao longo do tempo de análise. Quando o tempo finalizar e a análise estiver concluída, uma mensagem de sucesso é mostrada e a janela estará pronta para uma nova análise.

Na Figura 20 está apresentado um exemplo de coleta de dados TDS pelo software *SensoMaker*.

Figura 20 – Exemplo de uma aquisição de dados do TDS usando o software *SensoMaker*

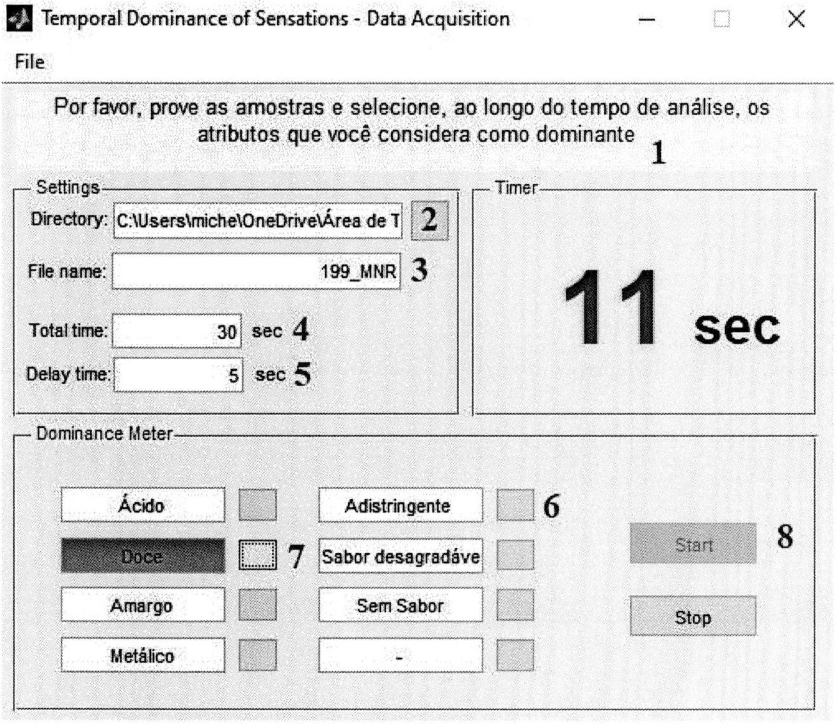

Fonte: os autores (2024)

Análise dos dados

Para realizar a análise dos dados de TDS é necessário clicar no botão *"Temporal Dominance of Sensations"* no canto inferior esquerdo (Figura 21).

Figura 21 – Exemplo do *software SensoMaker* para análise dos dados TDS

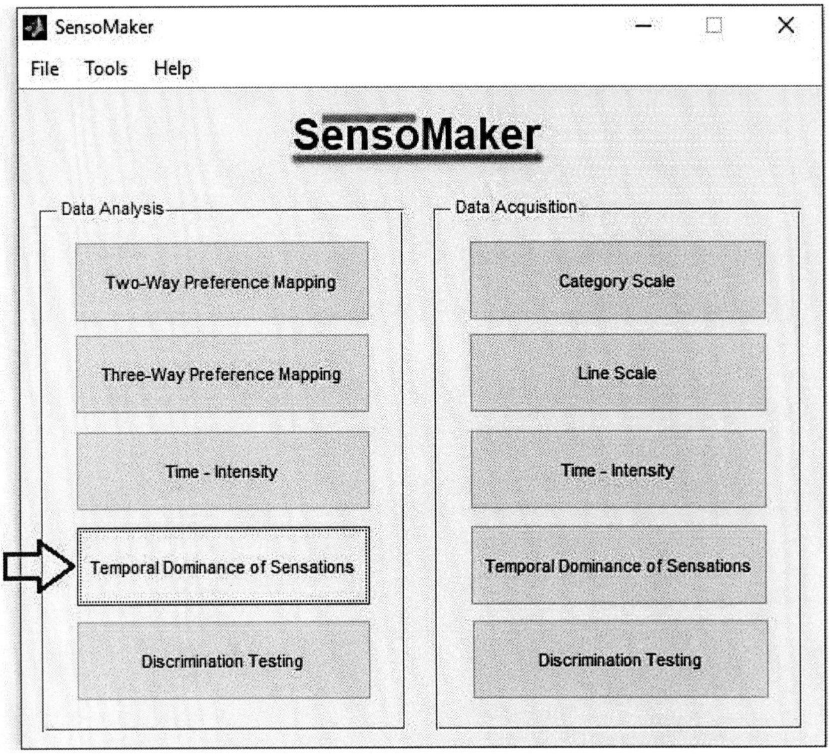

Fonte: os autores (2024)

Em seguida, no módulo de análise de dados para *Temporal Dominance of Sensations*, pressione o botão *"Import Data"* (**1**). Selecione todos os arquivos obtidos durante a análise sensorial para uma amostra (Figura 22). Esse procedimento é realizado para cada amostra que será avaliada. Na sequência, deve-se selecionar as sensações que serão analisadas. As sensações não marcadas não serão analisadas (**2**). O botão (**3**) é para definir o nível de suavidade para a curva, e, se não for apropriado, deve-se desabilitar esta opção (**4**). As linhas de *Chance* (**5**) e significância (**6**) também podem ser desativadas.

As próximas etapas são para obter os resultados do TDS (Figura 22). Para obter as curvas do TDS, basta clicar no botão *"Plot"* (**7**). Para obter os parâmetros quantitativos da curva, basta clicar no botão *"Compute Parameters"* (**8**). Os dados das curvas e os parâmetros podem ser copiados utilizando os respectivos botões *"copy data"* (**9**). Para realização da análise de diferença entre curvas, deve-se selecionar as duas amostras ou produtos de interesse para a comparação entre elas (**10**), em seguida, clicar no botão *"compute"* (**11**) para obtenção do gráfico.

Figura 22 – Exemplo de uma análise TDS usando o software *SensoMaker*

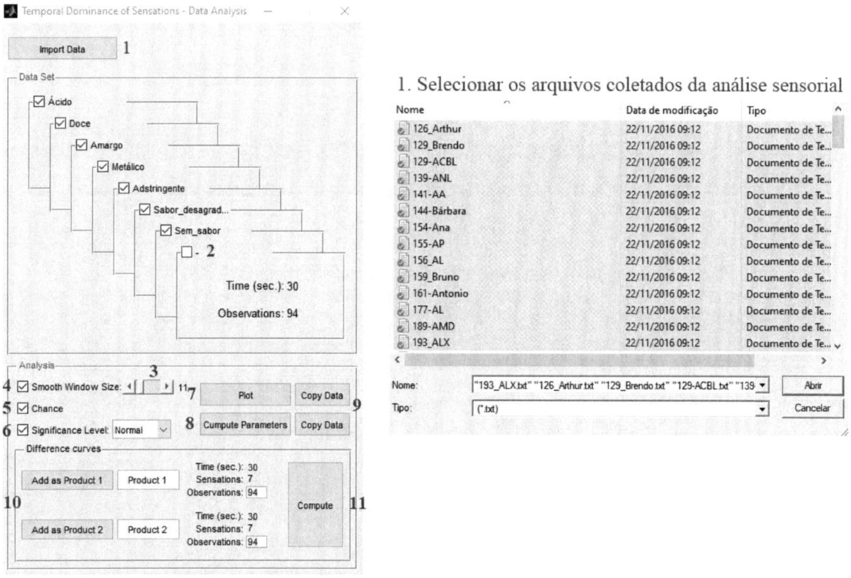

Fonte: os autores (2024)

Os exemplos dos resultados obtidos da análise de TDS são exibidos na Figura 23. Nela temos: (a) uma representação gráfica das curvas de TDS; (b) exemplo de curva de diferença; (c) parâmetros do TDS (Taxa de dominância máxima; Tempo da DRmax; Intervalo de tempo em que DR $\geq$ 90% da DRmax); (d) representação gráfica do tempo de duração da dominância das sensações significativas, ao longo do tempo de 30 segundos.

Figura 23 – Exemplos dos resultados obtidos pela análise de TDS

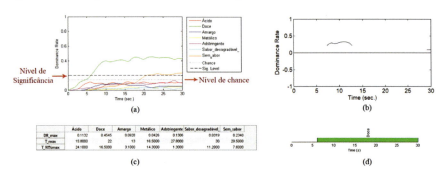

	Ácido	Doce	Amargo	Metálico	Adstringente	Sabor_desagradável_	Sem_sabor
DR_max	0.1132	0.4545	0.0928	0.0426	0.1306	0.0319	0.2340
T_max	15.8000	22	13	16.5000	27.8000	30	29.5000
T_90%max	24.1000	16.5000	3.1000	14.3000	1.3000	11.2000	7.6000

Fonte: os autores (2024)

Aquisição dos dados para TI

Para realizar a coleta dos dados de TI é necessário clicar no botão "*Time Intensity*" no canto inferior direito (Figura 24).

Figura 24 – Exemplo do software *SensoMaker* para avaliação do TI

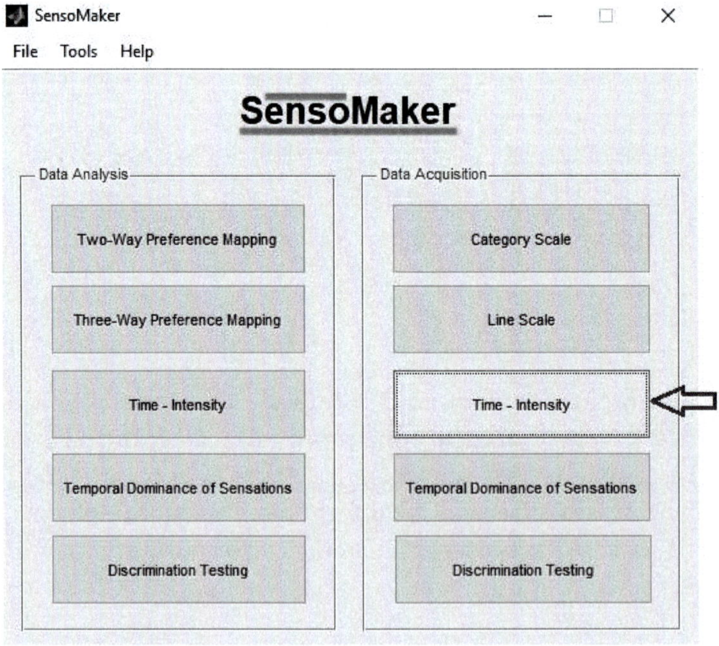

Fonte: os autores (2024)

Assim como na coleta de dados do TDS, para coletar os dados do TI (Figura 25) é necessário inserir as instruções para os avaliadores (**1**); escolher o local onde os dados serão salvos (**2**); inserir o código da amostra avaliada e o nome do avaliador (**3**); inserir o tempo determinado para a realização da análise (**4**); inserir o tempo de *delay* (**5**) e iniciar o teste (**6**). No caso do TI, o avaliador deverá ir marcando a intensidade do atributo ao longo do tempo (**7**). A escolha da taxa de intensidade é realizada arrastando a seta para a esquerda ou para direita, até chegar no número que representa a intensidade percebida. O avaliador tem total liberdade para trocar a intensidade para mais ou para menos sempre que achar necessário. Quando a análise for finalizada, uma mensagem de sucesso será mostrada e a janela estará pronta para uma nova análise.

Figura 25 – Exemplo de uma aquisição de dados de TI usando o software *SensoMaker*

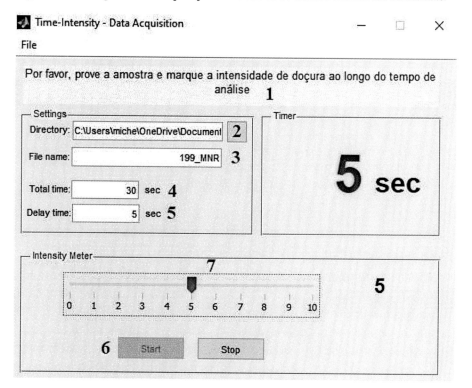

Fonte: os autores (2024)

Análise dos dados

Para realizar a análise dos dados de TI é necessário clicar no botão "*Time Intensity*" no canto inferior esquerdo (Figura 26).

Figura 26 – Exemplo do software *SensoMaker* para análise dos dados TI

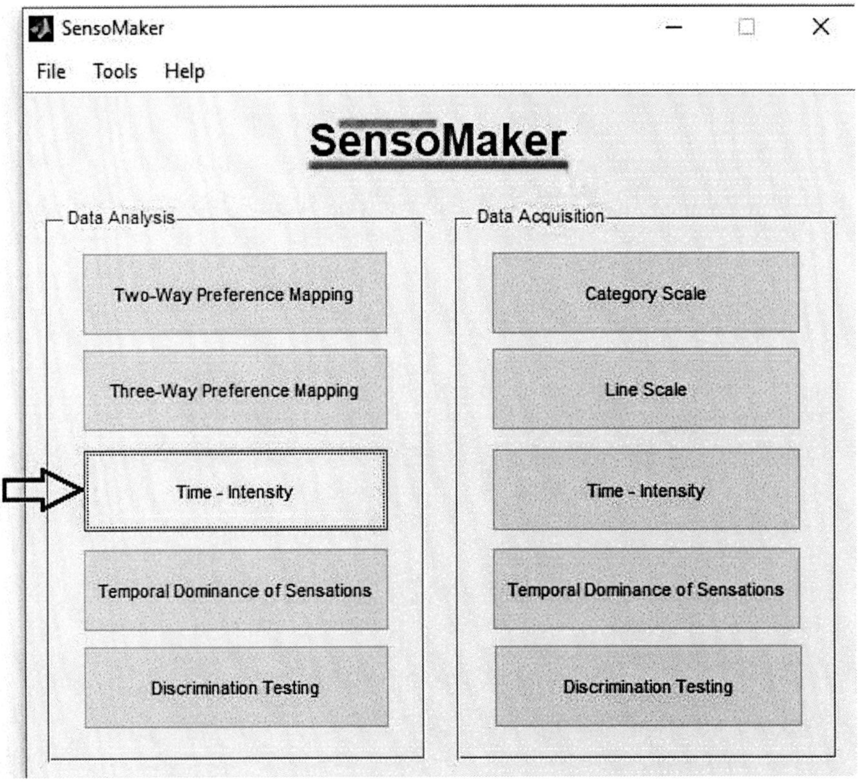

Fonte: os autores (2024)

No TI também é necessário importar os dados que foram obtidos durante a análise sensorial (Figura 27). É necessário selecionar todos os arquivos obtidos para uma amostra (**1**). Esse procedimento é realizado para cada amostra que será avaliada. Em seguida é necessário selecionar o tipo de análise (**2**). Aqui, pode-se escolher a opção para avaliar uma curva média ou curvas individuais para cada observação. O botão (**3**) é para definir o nível de suavidade para a curva, e, se não for apropriado, deve-se desabilitar esta opção (**4**). Para obter a curva de TI, basta clicar no botão

"*Plot*" **(5)**. Para obter os parâmetros quantitativos da curva, basta clicar no botão "*Compute Parameters*" **(6)**. Os dados das curvas e os parâmetros podem ser copiados utilizando os respectivos botões "*copy data*" **(7)**.

Figura 27 – Exemplo de uma análise TI usando o software *SensoMaker*

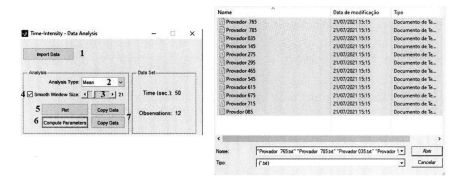

Fonte: os autores (2024)

Observa-se na Figura 28 que os resultados obtidos da análise de TI podem ser demonstrados como a curva de TI e com os parâmetros.

Figura 28 – Exemplo de curva de TI e os parâmetros obtidos

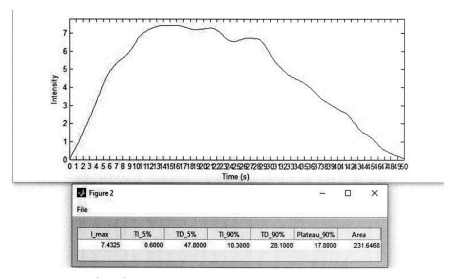

Fonte: os autores (2024)

Considerações finais

Os métodos temporais permitem obter informações mais próximas da experiência real de consumo do alimento, levando em consideração a dinâmica do processamento por via oral, pois para alguns alimentos, torna-se importante compreender as percepções temporais (ao longo do tempo). O TDS e o TI apresentam princípios distintos e, por isso, atendem necessidades diferentes, ainda assim são complementares em muitas situações, facilitando uma caracterização do perfil sensorial mais abrangente. Enquanto o TDS descreve um perfil temporal de sensações dominantes, o TI caracteriza a evolução da intensidade de um determinado atributo levando em conta o tempo de ingestão.

Referências

GEBSKI, J.; JEŻEWSKA-ZYCHOWICZ, M.; SZLACHCIUK, J.; KOSICKA-GEBSKA, M. Impact of nutritional claims on consumer preferences for bread with varied fiber and salt content. *Food Quality and Preference*, Amsterdã, v. 76, n. 2, p. 91-99, 2019.

HAIR, J. F.; BLACK, B; BABIN, B.; ANDERSON, R. E.; TATHAM, R. L. Análise Multivariada de Dados. 6. ed. Porto Alegre: Editora Bookman, 2009.

HE, Y. *et al*. Sensory characterization of Baijiu pungency by combined Time-Intensity (TI) and Temporal Dominance of Sensations (TDS). *Food Research International*, Ottawa, v. 147, n. 4, p. 110-493, 2021. DOI: 10.1016/j.foodres.2021.110493.

ISO 8586. Sensory analysis. General guidelines for the selection, training and monitoring of selected assessors and expert sensory assessors. International Organization for Standardization, 2012.

MINIM, V. P. R.; DA SILVA, R. de C. dos S. N. *Análise sensorial descritiva*. Viçosa, MG: UFV, 2016. 280 p.

NUNES, C. A.; PINHEIRO, A. C. M. *SensoMaker User guide*. 2014. Disponível em: SensoMaker_User_Guide_1-8.pdf (ufla.br). Acesso em: 28 ago. 2024.

PEREIRA, C. T. M.; PEREIRA, D. M.; BOLINI, H. M. A. Dynamic sensory profile of mango skyr yoghurt added of prebiotic and natural sweeteners: multiple time-intensity analysis and temporal dominance of sensations. *International Journal of Food Science and Technology*, Estados Unidos, v. 56, n. 8, p. 1-11, 2021. DOI: 10.1111/ijfs.15045.

PIERGUIDI, L. *et al.* The combined use of temporal dominance of sensations (TDS) and discrete time-intensity (DTI) to describe the dynamic sensory profile of alcoholic cocktails. *Food Quality and Preference*, Amsterdã, v. 93, n. 1, p. 104-281, 2021. DOI: 10.1016/j.foodqual.2021.104281.

PINEAU, N. *et al.* Temporal Dominance of Sensations: Construction of the TDS curves and comparison with time-intensity. *Food Quality and Preference*, Amsterdã, v. 20, n. 6, p. 450-455, 2009. DOI: 10.1016/j.foodqual.2009.04.005.

PINEAU, N. *et al.* Temporal Dominance of Sensations: What is a good attribute list? *Food Quality and Preference*, Estados Unidos, v. 26, n. 2, p. 159-165, 2012. DOI: 10.1016/j.foodqual.2012.04.004.

PINHEIRO, A. C. M.; NUNES, C. A.; VIETORIS, V. SensoMaker: a tool for sensorial characterization of food products. SensoMaker : Uma ferramenta para caracterização sensorial de produtos alimentícios. *Ciência e Agrotecnologia*, Lavras, v. 37, n. 3, p. 199-201, 2013. DOI: 10.1590/S1413-70542013000300001.

PU, D. *et al.* Characterization of the aroma release and perception of white bread during oral processing by gas chromatography-ion mobility spectrometry and temporal dominance of sensations analysis. *Food Research International*, Ottawa, v. 123, n. 3, p. 612-622, 2019. DOI: 10.1016/j.foodres.2019.05.016.

RIBEIRO, M. N. *et al.* Optimising a stevia mix by mixture design and napping: a case study with high protein plain yoghurt. *International Dairy Journal*, Reino Unido, v. 110, p. 104802, 2020. DOI: 10.1016/j.idairyj.2020.104802.

RODRIGUES, J. F. *et al.* Tds of cheese: Implications of analyzing texture and taste simultaneously. *Food Research International*, Ottawa, v. 106, p. 1-10, 2018. DOI: 10.1016/j.foodres.2017.12.048.

RODRIGUES, J. F. *et al.* Drivers of linking of Prato cheeses: An evaluation using the check all that apply (CATA) and temporal dominance of sensations (TDS) tools. *Food Science and Technology International*, Estados Unidos, v. 28, n. 5, p. 1-9, 2021. DOI: 10.1177/10820132211018037.

RODRIGUES, J. F.; ANDRADE, R. da S. *et al.* Miracle fruit: An alternative sugar substitute in sour beverages. *Appetite*, Holanda, v. 107, n. 3, p. 645-653, 2016. DOI: 10.1016/j.appet.2016.09.014.

RODRIGUES, J. F.; CONDINO, J. P. F. *et al.* Temporal dominance of sensations of chocolate bars with different cocoa contents: Multivariate approaches to assess

TDS profiles. *Food Quality and Preference*, Reino Unido, v. 47, part. A, p. 91-96, 2016. DOI: 10.1016/j.foodqual.2015.06.020.

SIMIONI, S. C. C. *et al.* Multiple-sip temporal dominance of sensations associated with acceptance test: a study on special beers. *Journal of Food Science and Technology*, Índia, v. 55, n. 3, p. 1164-1174, 2018. DOI: 10.1007/s13197-018-3032-2.

SOUZA, V. R. de *et al.* Analysis of various sweeteners in low-sugar mixed fruit jam: Equivalent sweetness, time-intensity analysis and acceptance test. *International Journal of Food Science and Technology*, Oxford, v. 48, n. 7, p. 1541-1548, 2013. DOI: 10.1111/ijfs.12123.

TOMIC, O. *et al.* Analysing sensory panel performance in a proficiency test using the PanelCheck software. *European Food Research and Technology*, Germany, v. 230, n. 3, p. 497-511, 2010. DOI: 10.1007/s00217-009-1185-y.

CAPÍTULO 5

PERFIL DE TEXTURA EM TEXTURÔMETRO

Camila Castencio Nogueira
Layla Damé Macedo
Márcia Arocha Gularte

ANÁLISE DO PERFIL DE TEXTURA (TPA) E ATRIBUTOS ESPECÍFICOS

O teste de análise do perfil de textura (TPA) foi originalmente desenvolvido pelo Centro Técnico da General Food Corporation em 1963, a fim de fornecer medidas sobre os parâmetros de textura dos alimentos. Este teste apresenta o objetivo de simular a mastigação por meio de ciclos de compressão e descompressão da amostra de alimento. O equipamento (Figura 29) que realiza a TPA é constituído por um dinamômetro, que fornece energia mecânica a velocidade constante. Fornece também a curva de força x tempo, onde é registrada, de acordo com a geometria usada no teste, a variação da textura do material.

Os parâmetros analisados e suas definições, de maneira geral, são apresentados na Tabela 9.

Tabela 9 – Parâmetros, definição e mensuração do perfil de textura

Parâmetros TPA (Unidade Internacional)	Definição
Dureza (N)	Força necessária para uma pré-deformação
Adesividade (J)	Trabalho necessário para superar a atração entre a amostra e a sonda
Fraturabilidade (N)	Força na primeira quebra na curva
Goma (N)	Energia necessária para desintegrar um alimento semissólido até que esteja pronto para engolir
Elasticidade (m)	Taxa em que uma amostra deformada retorna ao seu tamanho e forma originais

Parâmetros TPA (Unidade Internacional)	Definição
Coesividade	Razão da área de força positiva durante a segunda compactação em relação à primeira
Viscosidade (m)	Distância percorrida pela sonda durante a área de força negativa
Mastigabilidade (J)	Energia necessária para mastigar um alimento sólido até que esteja pronto para engolir

Fonte: adaptado de Tuoc (2015)

Uma das condições experimentais do TPA é o teste de velocidade, em que o teste é conduzido com a mesma velocidade de compressão e retirada para comparar as energias durante as fases do ciclo. Outro fator a ser considerado é a distância de compressão em que a distância preferida é a melhor escolhida entre dois limites, o limite elástico e o ponto de ruptura. Esses limites são determinados por compressão uniaxial preliminar. E, por fim, os testes comparativos de TPA, em que se torna possível fazer comparações de textura de diferentes alimentos.

Na Figura 29 está apresentado um texturômetro.

Figura 29 – Equipamento texturômetro modelo *stable micro systems extralab*

Fonte: as autoras (2024)

Exemplos

Para a determinação da textura de pães tipo forma, utilizou-se o parâmetro de mastigabilidade com as condições de 10,0 mm/s de velocidade e uma distância de deslocamento do probe de 10 mm, com dupla compressão. Na Figura 30, observa-se um aumento contínuo na mastigabilidade dos pães ao longo do período de armazenamento.

Figura 30 – Gráfico representativo do parâmetro mastigabilidade no armazenamento de pães.

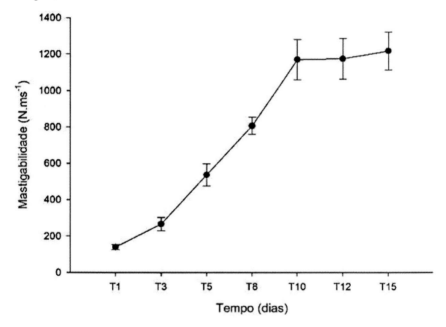

Fonte: as autoras (2024)

Dessa forma, é possível determinar que, ao longo do armazenamento, será necessária uma maior energia para mastigar o alimento.

Outro modo que permite analisar a textura por meio do texturômetro é a comparação dos parâmetros. Na Figura 31, observa-se a comparação entre os parâmetros de dureza e mastigabilidade de uma cultivar de feijão ao longo do armazenamento.

Figura 31 – Parâmetros dureza e mastigabilidade de feijão-caupi

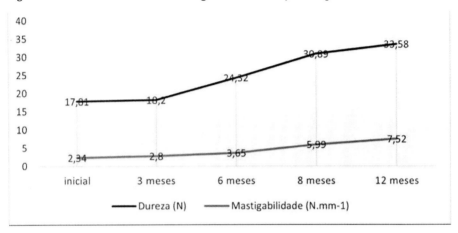

Fonte: as autoras (2024)

Os parâmetros de textura estão intrinsecamente relacionados. Durante o armazenamento, observa-se um aumento na dureza das amostras, o que, consequentemente, eleva a mastigabilidade. Isso confirma que, à medida que a dureza da amostra aumenta, maior será a energia necessária para a mastigação.

Outra forma de apresentação dos resultados da análise de textura é por meio do mapa de calor, conforme apresentado na Figura 32. Este método permite visualizar de modo intuitivo os resultados fornecidos pela tabela do programa.

No mapa de calor (Figura 32) são apresentadas células coloridas que correspondem a diferentes valores de concentração, com as amostras dispostas nas linhas e os parâmetros nas colunas, resultantes das análises de significância ($p<0,05$) e escore VIP (Importância da Variável na Projeção). É possível identificar amostras e/ou atributos que são altos e/ou baixos em concentração. Pode-se observar que, para a amostra de um muffin de milho, os parâmetros apresentaram cores indicando baixas concentrações, diferentemente dos parâmetros de muffin de trigo. Ou seja, as amostras diferem entre si, e os maiores valores foram encontrados no muffin de trigo.

Figura 32 – Mapa de calor relacionado ao perfil texturométrico das amostras dos muffins

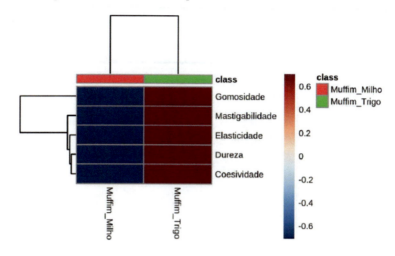

Fonte: as autoras (2024)

Exemplo

A análise de textura foi realizada em formulações de pães com farinha de arroz germinado, 24 horas após seu forneamento, utilizando o *Texture Analyser* TAXT2 Plus (*Stable Micro Systems*, Inglaterra), pelo método TPA, calibrado com 5 kg de carga. Os pães foram perfurados individualmente com o probe p/20, cilíndrico de 20 mm. A velocidade adotada foi de 5 mm/seg, com perfuração de 60% da amostra. Foram obtidos parâmetros de dureza, adesividade, coesividade, gomosidade, elasticidade, mastigabilidade e resiliência.

O perfil texturométrico de amostras de pão está apresentado na Figura 33, por meio de um mapa de calor.

Figura 33 – Mapa de calor relacionado ao perfil texturométrico de pães de arroz germinado

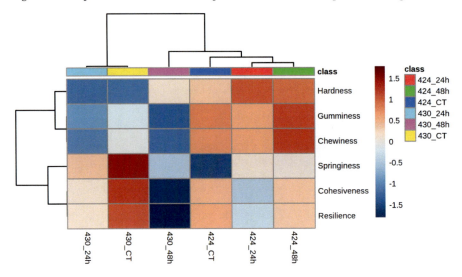

Fonte: Heberle et al. (2022)

Observa-se que a amostra com farinha de arroz da cultivar IRGA 424 RI com 48 horas de germinação apresentou os maiores valores para os parâmetros de mastigabilidade e gomosidade, representadas pelas cores vermelhas mais intensas no mapa. A amostra de mesmo cultivar com 24 horas de germinação obteve o maior valor de dureza, o que era esperado, visto que possui um volume específico menor, resultando em uma maior compactação da estrutura e miolo mais firme. Além disso, altos valores de dureza podem estar atribuídos ao desenvolvimento de uma rede formada pela recristalização da amilopectina, resultante da retrogradação do amido.

Valores elevados de elasticidade são preferidos porque estão relacionados com a qualidade e elasticidade do pão. Conforme o tempo de germinação aumentou, o valor da elasticidade diminuiu no pão com farinha de arroz da cultivar IRGA 430, indicando um aumento na fragilidade e tendência a se desintegrar ao fatiar. Não apenas a elasticidade, mas também a resiliência caracterizam a perda de elasticidade, pois indica a capacidade de um material retornar à sua forma original após a aplicação de uma tensão, o que corrobora os resultados do presente estudo, visto que os valores de resiliência também diminuíram, representados pela cor azul mais intensa, na mesma cultivar mencionada com 48 horas de germinação. Assim, foram obtidos maiores valores de mastigabilidade e gomosidade. Já a amostra com 24 horas de germinação alcançou uma textura mais íntegra, devido aos resultados altos de dureza.

Relação sensorial e instrumental aplicadas a texturas

Os sons emitidos pelos alimentos durante a mastigação são importantes, pois permitem avaliar como está a qualidade do produto e a satisfação de consumi-lo. Ao aplicar uma carga de peso sobre uma amostra, a energia é armazenada como energia de deformação. Quando um ponto crítico inerente é atingido nessa amostra, há uma redistribuição da energia. Neste exato momento, parte da energia de deformação é convertida em energia acústica.

Os sons de alimentos variam principalmente em sua intensidade. Portanto, a amplitude é uma das variáveis que distinguem a textura do produto. Esse parâmetro é utilizado em combinação com o número de sons produzidos dentro de uma dada distância ou tempo. A estrutura de um alimento e as propriedades mecânicas dessa estrutura estão relacionadas com as bolhas que estouram, gerando o som apropriado e sua capacidade de amortecer ou amplificar este som. Estas sensações acústicas podem ser produzidas eletronicamente e ser independentes de quaisquer propriedades reológicas.

Exemplos

A análise instrumental de textura possui a limitação de não capturar o som gerado pela quebra de produtos crocantes. Para superar essa limitação, são utilizados testes acústicos que envolvem a gravação do som durante a mordida e mastigação real ou durante a ruptura mecânica de um produto crocante. O texturômetro (TA-XT plus) tem sido utilizado para medir a textura, desde que o detector acústico (AED - *Acoustic Envelope Detector*) se tornou uma parte integrante do equipamento.

O sinal acústico gerado durante a deformação dos produtos é captado por um microfone posicionado a diferentes distâncias e ângulos do alimento. Outro dispositivo de detecção acústica utilizado é o sensor piezoelétrico, acoplado a um probe que é inserido no alimento, capturando a vibração causada pela fratura/quebra do produto. Quando se utiliza a combinação de um dispositivo mecânico e o AED, os sinais de força-deslocamento e amplitude sonora são gravados simultaneamente. Os resultados mostram que os principais sinais acústicos são observados juntamente com a aplicação da força.

O microfone mede a frequência das ondas sonoras, registra os picos formados e gera um gráfico de voltagem *versus* tempo. A complexidade das linhas geradas é diretamente proporcional à crocância do alimento: quanto maior a crocância, maior a altura e a irregularidade dos picos. O microfone capta as ondas sonoras e as converte em sinais elétricos, que são transmitidos para um computador. Um software de análise de textura plota um gráfico de nível de pressão sonora (dB) *versus* tempo (s).

Os resultados são apresentados como nível de pressão sonora, dado pela relação logarítmica entre a pressão sonora medida a partir de uma fonte emissora de som e a pressão sonora de referência, sendo esta última o limiar de audição dos seres humanos (20 µPa), considerado como nível de pressão sonora igual a 0 dB e usado para a calibração de dispositivos de detecção acústica. De forma simples, o nível de pressão representa a intensidade e a duração do som percebido pelos seres humanos (Figura 34).

Figura 34 – Perfis típicos de força-deformação e som da fratura de biscoitos em um equipamento texturométrico com microfone acoplado

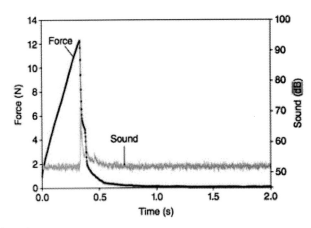

Fonte: Greco (2016)

Pode-se observar que o som e a força apresentaram um pico semelhante no ponto alto do biscoito, indicando que no momento de maior força (N) ocorre o maior ruído.

Referências

BOURNE, M.C.A. Classification of objetive methods for measuring texture and consistency of foods. *Journal Food Science*, Reino Unido, v. 31, n. 6, p. 1011-1022, 1978.

BRENNAN, M. A. *et al.* Ready-to-eat snack products: the role of extrusion technology in developing consumer acceptable and nutritious snacks. *International Journal of Food Science and Technology*, Reino Unido, v. 48, n. 5, p. 893-902, 2013.

CHEN, L.; OPARA, U. L. Approaches to analysis and modeling texture in fresh and processed foods - a review. *Journal of Food Engineering*, Reino Unido, v. 119, n. 3, p. 497-507, 2013.

DUIZER, L. A review of acoustic research for studying the sensory perception of crisp, crunchy and crackly textures. *Trends in Food Science and Technology*, Reino Unido, v. 12, n. 1, p. 17-24, 2001.

GRECO, G. F.; MURTA, B. H.; SOUZA, I. H.; ROMERO, T. B.; MAREZE, P. H.; LENZI, A.; CORDIOLI, J. A. Numerical model of the insertion loss promoted by the enclosure of a sound source. Proceedings of meetings of the COMSOL Conference, Curitiba, 2016.

GOESAERT, H.; GEBRUERS, K.; COURTIN, C. M.; BRIJS, K.; DELCOUR, J. A. Enzymes in baking. *In:* YH, H. (ed.). *Bakery products*: science and technology. Ames, Iowa: Blackwell Publishing, p. 337-64, 2006.

HEBERLE, T.; ÁVILA, B. P.; NASCIMENTO, L. A.; GULARTE, M. A. Consumer perception of breads made with germinated rice flour and its nutritional and technological properties. *Applied Food Research*, Quebec, Canadá, v. 2, n. 2, p. 100- 142, 2022.

MCCARTHY, D. F.; GALLAGHER, E.; GORMLEY, T. R.; SCHOBER, T. J.; ARENDT, E. K. Application of Response Surface Methodology in the Development of Gluten-Free Bread. *Cereal Chemistry*, Reino Unido, v. 82, n. 5, p. 609-615, 2005.

ONYONGO, B. O.; PALAPALA, V. A.; ARAMA, P. F.; WAGAI, S. O.; GICHIMU, B. M. Suitability of Selected Supplemented Substrates for Cultivation of Kenyan Native Wood Ear Mushrooms (Auricularia auricula). *American Journal of Food Technology*, Estados Unidos, v. 6, n. 5, p. 395-403, 2011.

SAELEAW, M.; DÜRRSCHMID, K.; SCHLEINING, G. The effect of extrusion conditions on mechanical-sound and sensory evaluation of rye expanded snack. *Journal of Food Engineering*, Reino Unido, v. 110, n. 4, p. 532-540, 2012.

SALVADOR, A. *et al.* Understanding potato chips crispy texture by simultaneous fracture and acoustic measurements, and sensory analysis. *LWT - Food Science and Technology*, Holanda, v. 42, n. 3, p. 763-767, 2009.

TANIWAKI, M.; HANADA, T.; SAKURAI, N. Device for acoustic measurement of food texture using a piezoelectric sensor. *Food Research International*, Reino Unido, v. 39, n. 10, p. 1099-1105, 2006.

TUOC, T. K. Chapter 20 - Fouling in Dairy Processes, *Mineral Scales and Deposits*. 1. ed. Amsterdã: Editora Elsevier, p. 533-556, 2015.

CAPÍTULO 6

INTELIGÊNCIA ARTIFICIAL

Ana Carla Marques Pinheiro
Michele Nayara Ribeiro
Danton Diego Ferreira

APRENDIZADO DE MÁQUINA: UMA ABORDAGEM DA INTELIGÊNCIA ARTIFICIAL APLICADA À CIÊNCIA DOS ALIMENTOS

Quando pensamos em qualidade de alimentos, a ciência sensorial de alimentos é extremamente importante para o desenvolvimento de novos produtos, pois é essencial para compreender os consumidores e determinar os parâmetros de qualidade, fazendo a ponte entre as características dos alimentos e a aceitação do consumidor.

Como uma rota alternativa para as ciências sensoriais, o aprendizado de máquina, que faz parte da inteligência artificial, surge com técnicas avançadas para acelerar as descobertas e representar uma nova tendência em resolução de problemas. Hoje a tecnologia de aprendizado de máquina aparece em muitos produtos e tem sido aplicada com sucesso em análises sensoriais de alimentos e bebidas.

O que é aprendizado de máquina?

O termo aprendizado de máquina busca criar máquinas inteligentes e capazes de se igualar ao raciocínio humano, utilizando-se de tomadas de decisões inteligentes.

O *machine learning* (ML), em português aprendizado de máquina, é a área de pesquisa que utiliza métodos estatísticos para construir algoritmos inteligentes e que podem se aprimorar automaticamente por meio da experiência adquirida a partir dos dados. O ML é visto como parte da Inteligência Artificial (IA), que se concentra no uso de dados e de algoritmos para imitar a forma como os seres humanos aprendem, melhorando gradualmente sua precisão.

O ML se concentra na capacidade das máquinas de abstrair e generalizar os dados à medida que alteram o algoritmo com base nos dados que estão processando, ou seja, a máquina aprende conforme vai recebendo e processando os dados. Algoritmos de ML podem ser usados para preparar as máquinas para pensar como humanos. De modo geral, o ML depende do aprendizado de um modelo estatístico, que gera uma saída com base em determinadas entradas, que são dados que representam os parâmetros que definem um problema. A saída, ou seja, a resposta, é um valor que representa a solução.

O objetivo principal do ML é que os algoritmos aprendam com os dados e dessa forma possam tomar decisões com o mínimo de intervenção humana. Em detalhes, o ML pode "aprender com o exemplo", analisando conjuntos de dados existentes. A Figura 35 ilustra um cenário geral para métodos de aprendizado de máquina.

Figura 35 – Exemplo do processo de aprendizado de máquina em alimentos

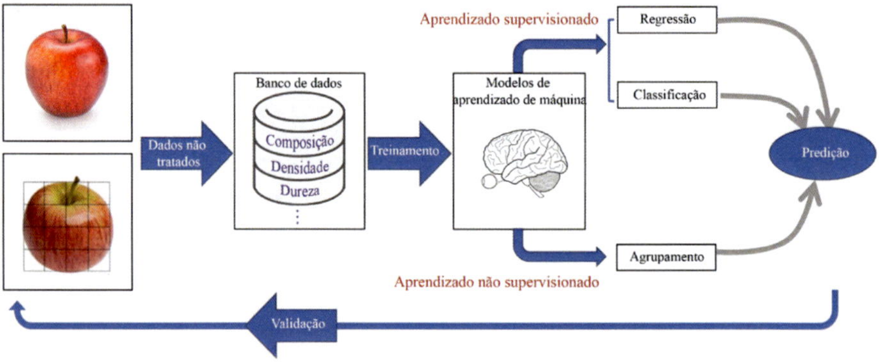

Fonte: adaptado de Liu *et al.* (2021)

Como demonstrado na Figura 35, o primeiro passo é escolher o objeto de estudo. Pode-se escolher qualquer objeto de estudo, visível ou não, como alimentos, bebidas, imagens, ondas eletromagnéticas, circuitos elétricos, radiografias, vidros, agricultura, questionários, entre outros. Logo após, é necessário realizar o levantamento das características ou atributos que identificam o objeto de estudo definido. Nesta etapa a extração dos parâmetros (características/atributos) pode ser realizada por intermédio de medidas instrumentais, como análises físico-químicas, sensoriais, medidas de sensores químicos, entre outros. Estes dados podem ser gerados por meio de experimentos, simulações ou mineração em bancos de dados existentes. Estes atributos podem ser os mais diversos possíveis, como: a cor dos olhos de uma pessoa, a doçura de uma fruta, a acidez de uma bebida, a cor de um pão, os dados de composição de qualquer alimento, a temperatura ambiente em um determinado instante do dia ou a velocidade de movimento de um projétil. Os parâmetros são utilizados para treinar o algoritmo para que ele consiga aprender as características do objeto de estudo.

Os dados disponíveis são, geralmente, divididos em dois, treinamento e teste. Algoritmos de aprendizado de máquina constroem um modelo baseado em dados de amostra, conhecidos como "dados de treinamento", a fim de fazer previsões ou decisões sem serem explicitamente programados para isso. O treinamento oferece ao algoritmo todos os exemplos de entrada e os resultados esperados a partir delas. Assim o algoritmo cria uma função ou um modelo capaz de predizer uma saída a partir dos dados de entrada. A saída é a probabilidade de acertar uma classe ou valor numérico. Dessa forma, o aprendizado de máquina é então utilizado para inferir alguns padrões dentro do conjunto de dados e estabelecer um modelo preditivo.

O ponto crucial do ML é a generalização, ou seja, o objetivo é generalizar a função de saída para que funcione em dados além do conjunto de treinamento. Portanto, a função dos dados de teste é verificar a capacidade de generalização do modelo construído. Para isso, é importante que os dados de teste não tenham tido algum contato com o modelo durante o seu treinamento. Por exemplo, no trabalho realizado por Nunes *et al.* (2017), os autores utilizaram medidas físico-químicas do pão francês ao longo do tempo de armazenamento para predizer a aceitação global dos consumidores. Os autores separaram 20% dos dados para utilizar como teste, ou seja, estas amostras não foram usadas no treinamento (são amostras independentes de todo o processo de construção dos modelos) e foram utilizadas para testar a capacidade preditiva do modelo.

O ML conta com algoritmos para analisar grandes conjuntos de dados. Deve-se ressaltar que nenhum destes algoritmos é capaz de exercitar o livre-arbítrio e não conseguem, por si sós, pensar, sentir ou apresentar qualquer forma de autoconhecimento. O que o ML pode fazer é realizar análise preditiva bem mais rápido que qualquer ser humano e, como resultado, pode ajudar as pessoas a trabalharem de forma mais eficiente.

Abordagens do aprendizado de máquina

No geral, o ML usa algoritmos que aprendem e otimizam suas operações analisando os dados de entrada para assim predizer a saída. Com a alimentação de novos dados, esses algoritmos tendem a se aprimorar e realizar predições cada vez mais precisas. Existem algumas variações de como agrupar e classificar os algoritmos de ML, de acordo com seus propósitos e objetivos. É possível dividir os algoritmos do ML em três abordagens principais, sendo elas o aprendizado supervisionado, o aprendizado não supervisionado e o aprendizado por reforço.

No aprendizado supervisionado, uma medida de resposta está disponível para cada observação das medidas do preditor e o objetivo é ajustar um modelo que preveja com precisão a resposta das observações futuras. Assim, os algoritmos de aprendizado supervisionado constroem um modelo matemático de um conjunto de dados que contém as entradas e as saídas desejadas. Mais especificamente, no aprendizado supervisionado, os valores da entrada x e de saída y correspondentes estão disponíveis e o objetivo é aprender uma função f que se aproxima com uma margem de erro aceitável da relação entre a entrada e a saída correspondente. Uma boa função de aprendizado f permitirá que o algoritmo determine corretamente a saída para entradas que não faziam parte dos dados de treinamento.

A estratégia supervisionada é semelhante à aprendizagem humana sob a supervisão de um professor. O professor fornece exemplos para o aluno aprender e, então, infere regras gerais a partir dos exemplos. Em resumo, no ML supervisionado, o conjunto de dados conterá uma série de entradas. No caso de alimentos e bebidas, a entrada pode ser a composição do produto a ser avaliado ou dados descritivos e a saída pode ser, por exemplo, a aceitação dos consumidores. Outro exemplo é utilizar a imagem como dados de entrada. Da Silva *et al.* (2020, 2021) utilizaram imagens dos pães como entrada, com o objetivo de construir uma ferramenta para o reconhecimento e classificação das etapas de panificação, baseada exclusivamente nas mudanças de cor da crosta do pão. Dessa forma, o aprendizado de máquina supervisionado pode aprender com os exemplos existentes e assim inferir a relação entre entradas e saídas.

O ML supervisionado contém algoritmos de regressão e de classificação. Os algoritmos de regressão podem predizer a saída como uma função das entradas. A regressão nos fornece a resposta ou os resultados de "quanto" e "quantos". No caso de alimentos como pães, cafés e frutas, a entrada pode ser características físico-químicas do alimento, como cor, firmeza, acidez, sólidos solúveis, dentre outros. As saídas podem ser, por exemplo, valores de aceitação sensorial. Assim, é possível predizer a resposta sensorial de um alimento a partir dos parâmetros físico-químicos. Já os algoritmos de classificação podem ser utilizados para rotular ou classificar os alimentos em diferentes categorias. A classificação nos fornece a previsão de *Sim* ou *Não*. Por exemplo, um *cookie* pode ser classificado de acordo com os padrões de qualidade, ou podemos classificar se o consumidor está satisfeito ou não com a fruta avaliada.

O grau de complexidade do modelo depende do tamanho do conjunto de dados de treinamento e do algoritmo utilizado. É aconselhável que modelos mais simples sejam utilizados para pequenos conjuntos de dados de treinamento que não cobrem uniformemente os intervalos de dados. Já os modelos mais complexos necessitam de um grande conjunto de dados de treinamento para evitar o *overfitting*.

O *overfitting* é uma questão fundamental no aprendizado de máquina supervisionado, que nos impede de generalizar os modelos para ajustar bem os dados observados nos dados de treinamento, bem como os dados não vistos no conjunto de testes. Ele ocorre quando uma função de aprendizado f está extremamente ajustada a um determinado conjunto de dados e pode, portanto, não se ajustar a dados adicionais ou prever observações futuras de forma confiável. Assim, o modelo não consegue generalizar dados diferentes, pois, devido à presença de ruído, ao tamanho limitado do conjunto de treinamento e à complexidade dos classificadores, ocorre o *overfitting*.

No aprendizado não supervisionado, o conjunto de treinamento consiste em entradas não rotuladas, ou seja, entradas onde os valores de saída não são conhecidos. Portanto, o aprendizado não supervisionado ocorre quando um algoritmo aprende a partir dos exemplos, mas sem nenhuma resposta associada. Nesse caso, o algoritmo determina os padrões por conta própria. Dessa forma, ele tenta aprender com a distribuição dos dados, as características distintivas e as associações nos dados por meio de medidas de similaridade e dissimilaridade. O principal uso de aprendizado não supervisionado é a análise exploratória de dados, onde o objetivo é segmentar e agrupar as amostras a fim de extrair *insights*. Os algoritmos, portanto, aprendem com os dados que não foram rotulados, classificados ou categorizados.

Já o aprendizado por reforço encontra-se, de certo modo, entre o aprendizado supervisionado e não supervisionado. Ao contrário do aprendizado não supervisionado, existe alguma forma de supervisão, mas isso não vem na forma de especificação de uma saída desejada para cada entrada nos dados. O aprendizado por reforço ocorre quando você apresenta aos algoritmos exemplos não rotulados e ele necessita tomar decisões, sendo similar ao aprendizado humano por tentativa e erro. Os erros ajudam a aprender, mas causam algumas consequências (seja custo, tempo etc.), ensinando-o qual procedimento tem maior probabilidade de sucesso que outros. O algoritmo de aprendizado por reforço recebe *feedback* do ambiente somente depois de selecionar uma saída para uma determinada entrada ou observação. O *feedback* indica o grau em que a saída, conhecida como ação no aprendizado por reforço, atende aos objetivos.

O aprendizado supervisionado e o não supervisionado diferem principalmente pelo fato de que o supervisionado envolve o mapeamento da entrada para a saída. Enquanto o não supervisionado não visa produzir saída na resposta da entrada. E o por reforço aprende com os exemplos e necessita da interação humana ou do ambiente para aprender. A Tabela 10 compara as três principais abordagens do aprendizado de máquina.

Tabela 10 – Comparação entre o aprendizado supervisionado, não supervisionado e por reforço

Base	Aprendizado supervisionado	Aprendizado não supervisionado	Aprendizado por reforço
Dados	Dados rotulados.	Dados não rotulados.	Processo de decisão de Markov.
Método	Valores de entrada e saída fornecidos.	Apenas valores de entrada fornecidos.	Trabalha na interação com o meio ambiente.
Complexidade computacional (custo)	Alto (demanda muito tempo de computador, é demorado para treinar e mais complexo para o modelo aprender).	Baixo (resultados de forma bem mais rápida).	Alto (demanda muito tempo de computador, é demorado para treinar e mais complexo para o modelo aprender).

Base	Aprendizado supervisionado	Aprendizado não supervisionado	Aprendizado por reforço
Meta	Predizer a saída com base na entrada. Predizer valores discretos ou contínuos.	Predizer padrões ocultos com base na entrada fornecida.	Tomada de decisão sequencial, sendo que a próxima entrada depende da decisão do sistema de aprendizado.
Análise de dados	Análise assíncrona, tempo não real (modelo é treinado primeiro e usado depois).	Análise síncrona, tempo real (o dado é analisado e o modelo é treinado em tempo real).	Análise síncrona, tempo real (o dado é analisado e o modelo é treinado em tempo real).
Classes	Os rótulos são conhecidos.	Os rótulos não são conhecidos.	Trabalha na interação com o meio ambiente.
Precisão dos resultados	Preciso e confiável.	Moderado, mas confiável.	Moderado, mas confiável com muitas soluções.
Subáreas	Classificação, regressão, regressão linear, máquinas de vetores de suporte.	Clustering, regras de associação, k-médias, clustering hierárquico, algoritmos de redução de dimensionalidade, detecções de anomalias.	Processos de decisão de Markov, Policy Learning, Deep Learning e value learning.
Aplicações	Reconhecimento de imagem, reconhecimento de fala, previsão, e treinamento de redes neurais e árvores de decisão.	Pré-processamento de dados, análise exploratória ou para pré-treinar algoritmos de aprendizagem supervisionada.	Teoria do controle, teoria de jogos, direção autônoma, robôs que refletem o comportamento humano e funcionam como um humano, assistentes virtuais.

Fonte: adaptado de Gouse e Helini (2019)

O aprendizado supervisionado é o método mais popular e frequentemente utilizado dentre as três abordagens. Porém, vale ressaltar que todos os algoritmos de ML respondem à mesma lógica, que é representar a realidade usando uma função matemática, que a princípio é desconhecida para o algoritmo, mas pode prever depois de ter observado um conjunto de dados. Na Figura 36 está apresentada uma visão geral de algumas técnicas disponíveis de aprendizado de máquina nas três abordagens.

Figura 36 – Tipos de aprendizado de máquina

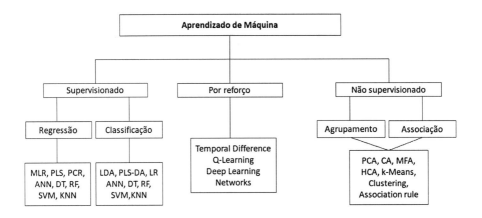

Legenda: **MLR:** regressão linear múltipla; **PLS:** regressão por mínimos quadrados parciais; **PCR:** regressão por componentes principais; **ANN:** redes neurais artificiais; **DT:** árvore de decisão; **RF:** florestas aleatórias; **SVM:** máquina de vetores de suporte; **KNN:** K-vizinhos mais próximos; **LDA:** análise discriminante linear; **PLS-DA:** análise discriminante por quadrados mínimos parciais; **LR:** regressão logística; **PCA:** análise de componentes principais; **CA:** análise de correspondência; **MFA:** análise de múltiplos fatores; **HCA:** análise de agrupamento hierárquico.
Fonte: os autores (2024)

Aprendizado de máquina supervisionado

O aprendizado supervisionado tem como objetivo inferir padrões, com base em conjunto de treinamento, relacionando os exemplos de dados de entrada e saída. Nesta abordagem é possível construir dois tipos de modelos, dependendo se as saídas são variáveis contínuas ou discretas. No primeiro caso, temos um modelo de regressão; no segundo, um modelo de classificação. Como o aprendizado supervisionado é a abordagem mais utilizada, neste tópico veremos os principais algoritmos envolvidos na realização da regressão e classificação.

Regressão

Frequentemente os métodos de regressão univariada são insuficientes para encontrar padrões entre os atributos físico-químicos dos alimentos e bebidas, com os perfis sensoriais, devido à complexidade da matriz e a grande quantidade de compostos e atributos que estão presentes nos alimentos. Perrot *et al.* (2006) destacam que, muitas vezes, uma única propriedade do alimento, como a textura ou o sabor, pode estar relacionada a vários atributos sensoriais, conforme percebido pelo cérebro humano. Vale destacar também que, dependendo do produto e de suas características, há o efeito sinérgico, que pode mascarar a presença de alguns atributos, especialmente entre as características de sabor e aroma, criando assim uma relação não linear entre esses fatores. Assim, todos esses fatores se combinam e formam uma relação muito complexa, que dificilmente pode ser analisada por métodos univariados.

Os modelos preditivos podem ser criados por análise univariada, em que cada variável é analisada individualmente, ou por análise multivariada, em que várias variáveis são analisadas simultaneamente. Na análise de alimentos, pode-se observar uma variedade de fatores, tanto intrínsecos como extrínsecos, que influenciam a qualidade de um produto. A qualidade de um produto geralmente é fornecida por parâmetros químicos, físicos, físico-químicos e por parâmetros sensoriais. Dessa forma, muitas variáveis podem ser medidas, o que torna necessária a utilização de métodos de análise multivariada.

A regressão multivariada é um conjunto de métodos estatísticos utilizados para analisar dados em que mais de uma variável é medida para cada amostra. Esses métodos possibilitam o estudo simultâneo de diversos fatores de controle em uma determinada resposta. Além disso, possibilitam o desenvolvimento de modelos matemáticos que permitem avaliar a relevância e a significância estatística dos fatores em estudo. O procedimento de calibração é realizado em duas etapas: construção do modelo e validação. A primeira etapa da regressão multivariada consiste na construção de modelos de calibração multivariada, a partir da correlação da matriz de dados das variáveis instrumentais (x) com a matriz de dados das variáveis de interesse (y). O desempenho da calibração e da validação é avaliado usando o erro quadrático médio de calibração (RMSEC) e o coeficiente de correlação da calibração (R^2).

Vários trabalhos na literatura demonstraram que os modelos multivariados são mais apropriados e possuem melhores resultados em comparação com os modelos univariados, para correlacionar parâmetros físicos e físico-químicos a atributos sensoriais de avaliadores treinados e consumidores. Assim, os métodos multivariados tornam-se essenciais para este tipo de análise.

Classificação

Na classificação supervisionada, são levados em consideração os rótulos, ou seja, há um conjunto prévio de padrões classificados que dão origem ao modelo que prediz a classe de novas amostras. Dessa forma, a tarefa da classificação é decidir a associação de classes dos dados não rotulados (x) com o conjunto de dados de treinamento (x,y) onde cada x_i tem uma associação de classe conhecida y_i.

Diferente da regressão, em que a saída é um valor contínuo, a classificação considera problemas onde a saída é discreta, correspondendo aos rótulos de categorias distintas. Por exemplo, como demonstrado na Figura 37, no caso de um problema de classificação binária, os pontos de dados pertencem a duas classes, sendo elas classe A e B. A saída dessas classes pode ser representada por valores de saída igual a 0 ou 1 para as classes A e B, respectivamente.

Figura 37 – Exemplo de classificação do aprendizado de máquina supervisionado

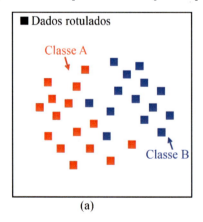 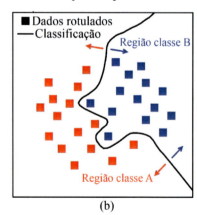

Fonte: adaptado de Liu *et al.* (2021)

O objetivo dos modelos de classificação é prever a classe de dados desconhecidos, como, por exemplo, se o consumidor ficará "satisfeito" ou "não satisfeito" ou se o consumidor "pagaria mais" ou "não pagaria mais", como função das entradas, como, por exemplo, respostas sensoriais do morango. Assim, a variável dependente indicará uma classe e não um valor quantitativo.

Algoritmos utilizados no aprendizado de máquina supervisionado

O objetivo de um algoritmo é gerar uma saída que resolva o problema em estudo. Em alguns casos, como no aprendizado supervisionado, o algoritmo recebe as entradas que irão auxiliar a definir a saída, mas o foco é sempre a saída.

Regressão linear

Os modelos de regressão linear são comumente utilizados no aprendizado supervisionado para predizer uma resposta quantitativa. A hipótese é que a relação entre as variáveis independentes, que são as medidas de entrada, e a variável dependente, que é a saída do valor real ou resposta, é representada como uma função linear, ou função de regressão com uma precisão razoável (Figura 38). Os modelos de regressão linear são considerados modelos simples, de fácil interpretação dos resultados, e possuem várias aplicações.

A regressão linear é usada para estudar a relação linear entre um grupo de variáveis independentes (variáveis preditoras, representadas por x) e uma ou mais variáveis dependentes (representadas por y). A regressão linear visa encontrar uma função linear f que expressa a relação entre um vetor de entrada x para uma saída de valor real y (Figura 38).

Figura 38 – Modelo de regressão linear

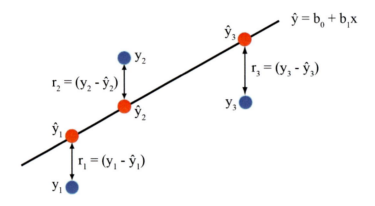

Fonte: os autores (2024)

Em geral, um modelo linear tem a seguinte equação 3:

$$y = \beta_0 + \beta_1 x_1 + \beta_2 x_2 + \ldots + \beta_n x_n \qquad (3)$$

Nessa equação, y é um vetor das variáveis dependentes, β é o vetor de coeficientes de regressão e x é um vetor para variáveis independentes. Existe uma relação entre a resposta medida (y) e uma única variável preditora (x). Por exemplo, a intensidade do atributo doçura em iogurte pode ser uma função de diferentes concentrações de sacarose presentes no produto. Dessa forma, pode-se predizer a concentração de sacarose que é considerada ideal pelos consumidores de iogurte.

Regressão linear múltipla (MLR)

Em uma regressão linear simples, existe uma relação entre a resposta medida y e uma única variável preditora x. Por exemplo, diferentes concentrações de sacarose para predizer a doçura ideal de iogurte. Entretanto, diversos sistemas e modelos têm como base mais de uma variável preditora. De forma a incorporar e analisar diversas variáveis preditoras e sua resposta média y, pode-se utilizar o MLR, que relaciona um conjunto de variáveis preditoras $x = \{x_1, x_2, \ldots, x_n\}$ a uma variável resposta através do ajuste de uma equação linear. Por exemplo, utilizar diferentes parâmetros físico-químicos como cor, sólidos solúveis, firmeza, acidez, pH (como variáveis preditoras) para predizer a doçura ideal de morangos (variável resposta).

Em resumo o MLR refere-se à predição de uma única variável dependente ou variável resposta a partir de várias variáveis independentes ou variáveis preditoras, sendo considerada a forma mais básica da regressão linear. Frequentemente, a regressão linear que utiliza uma única variável independente é insuficiente para explicar a relação entre as variáveis independentes e dependentes. Isso porque é possível encontrar uma grande quantidade de variáveis preditoras na avaliação sensorial de alimentos e bebidas.

O método de MLR possui a vantagem de que toda a informação disponível nas variáveis empregadas nos cálculos é utilizada pelo modelo. Entretanto, isso pode resultar em uma colinearidade. Desse modo, para utilizar o MLR é necessário que o número de variáveis não seja maior que o número de amostras de calibração. Portanto, é necessário selecionar um número de variáveis inferior ao número de amostras e que sejam relevantes para a predição do valor de interesse.

Regressão por mínimos quadrados parciais (PLS)

O PLS é a abordagem mais utilizada para a regressão linear multivariada, constituindo um gráfico das variáveis independentes *versus* as variáveis dependentes em um espaço multidimensional, minimizando os erros da soma dos quadrados dos desvios.

O método PLS permite análises de dados mais complexos e pode ser considerado uma combinação entre MLR e a análise de componentes principais (PCA). Ele é um método de regressão multivariada que tem como objetivo reduzir a dimensionalidade do problema estudado. Em vez de utilizar todas as variáveis independentes para a regressão, ele constrói novas variáveis latentes conhecidas como componentes principais, que são as combinações lineares das variáveis originais, e não são observadas ou medidas diretamente. Assim, o PLS cria o modelo utilizando somente as variáveis latentes. Dessa forma, é possível desenvolver modelos utilizando unicamente as variáveis que realmente caracterizam os dados.

Uma das grandes vantagens do PLS é poder trabalhar com um conjunto de dados com muitas variáveis descritoras. O MLR não é viável quando o número de variáveis é maior que o número de observações ou amostras. Assim, no PLS pode haver algumas variáveis latentes que são suficientes para explicar a maior parte da variação nas variáveis dependentes. Portanto, o PLS usa um conjunto extraído de variáveis latentes das variáveis independentes originais para predizer as variáveis-resposta usando os preditores. Como os métodos descritos antes, o PLS busca uma correlação entre uma resposta medida y e um conjunto de variáveis preditoras x. Este método é extremamente útil quando temos muitas observações (muitas respostas medidas) e poucas variáveis preditoras ($|x|$ é pequena).

O número de componentes escolhidos é um fator importante no PLS. Embora seja possível usar todos os componentes na construção do modelo PLS, isso nem sempre é feito, pois os primeiros componentes principais explicam uma maior parte dos dados, enquanto os outros costumam explicar uma quantidade menor de variância e conter ruídos. Entretanto, se os dados não forem lineares, vai resultar em componentes principais que explicam pouco a variância dos dados, fazendo com que o PLS precise de mais componentes principais. Métodos de transformação de dados podem ser aplicados antes de gerar o modelo para remover as não linearidades, o que pode diminuir o número de componentes necessários para construir modelos de PLS.

Regressão por componentes principais (PCR)

O método de PCR é também um método de regressão multivariada que objetiva reduzir a dimensionalidade dos dados analisados. Ele combina os métodos de PCA com o PLS. Em vez de utilizar todas as variáveis preditoras x, o PCR constrói um novo conjunto de variáveis preditoras x_p, que representa o conjunto dos componentes principais dados pelo método PCA. Então, uma análise de regressão PLS é realizada neste novo conjunto de variáveis preditoras x_p.

Vale destacar que ambos os algoritmos de PCR e PLS transformam o grande número das variáveis originais em um número reduzido de variáveis, denominadas como componentes principais, que são combinações lineares das variáveis originais. A grande diferença entre estes algoritmos é que o PCR aplica um PCA nos dados originais e em seguida, com as pontuações obtidas, cria um modelo de regressão linear múltipla. Já o PLS tenta explicar a variância máxima entre as variáveis, mas ponderando a correlação entre cada variável original com a variável resposta.

Análise discriminante linear (LDA)

O LDA é uma abordagem de classificação que utiliza a redução de dimensionalidade. Ele é frequentemente utilizado em conjunto de dados com muitas entradas, onde a redução do número de variáveis é necessária para obter uma classificação mais robusta. Assim, a técnica LDA reduz o número de variáveis do problema de classificação, o que reduz a dimensionalidade dos dados, garantindo assim a máxima separação da classe. Para isso, o LDA calcula a distância entre as médias de classes diferentes – para maximizar a variância entre as classes a fim de que elas fiquem separadas – e também a distância entre a média e as amostras de cada classe – a fim de minimizar as diferenças dentro da classe. Maximizar a distância mínima entre cada amostra de classe e a média total da classe é uma forma de otimização da LDA.

Assim como no MLR, no LDA é necessário que o número de variáveis não seja maior que o número de amostras de calibração. O LDA realiza a classificação utilizando todas as variáveis disponíveis. Como resultado, ele gera uma matriz binária, onde o valor 1 indica que a entrada pertence à classe classificada e o valor 0 indica que a entrada não pertence à classe classificada.

Análise discriminante por quadrados mínimos parciais (PLS-DA)

O PLS-DA é um método de classificação supervisionado que parte do pressuposto de que várias classes podem ser separadas pela rotação dos componentes principais de forma a obter uma separação máxima entre as classes. Assim, o PLS-DA é um método de classificação utilizado para criar modelos lineares discriminantes. Ele utiliza a regressão PLS, sendo capaz de reduzir a dimensionalidade dos dados, operando somente sobre seus componentes principais. No PLS-DA, x é uma matriz preditora e a variável de resposta y é binária. Ela assume o valor 1 quando uma determinada amostra pertence à classe estudada, e assume o valor 0 caso contrário. Quando a regressão PLS é desenvolvida, o valor de resposta y_{pred} é previsto para uma nova amostra. A decisão é baseada na comparação dos y_{pred} com dados de variáveis categóricas em y. A amostra é atribuída à classe, quando a variável y é a mais próxima de y_{pred}.

Regressão logística (LR)

A LR é um método poderoso e bem estabelecido para classificação supervisionada. Ela ajuda a encontrar a probabilidade de que uma nova instância pertença a uma determinada classe. Como é uma probabilidade, o resultado fica entre 0 e 1. Portanto, na regressão logística a variável dependente é considerada binária. O valor predito por um modelo de LR sempre está entre 0 e 1 e pode ser interpretado como a probabilidade de uma amostra pertencer a uma determinada classe.

Para usar o LR como um classificador binário, um limite precisa ser atribuído para diferenciar as duas classes. Por exemplo, pode-se determinar um valor de probabilidade superior a 0,50 para uma instância de entrada para classificá-la como "classe A"; caso contrário, "classe B". Portanto, uma amostra é atribuída à classe A quando sua previsão é maior que o limite predefinido e à classe B quando a previsão é menor ou igual ao limite. Para ajustar o modelo de regressão logística e evitar o *overfitting*, a seleção de variáveis pode ser realizada onde apenas os subconjuntos mais relevantes das variáveis x são mantidos no modelo.

Rede neural artificial (ANN)

Uma ANN é um algoritmo inspirado nas redes neurais biológicas que constituem os cérebros dos seres humanos. O cérebro é composto por uma rede de células conectadas entre si, denominadas neurônios. Cada neurônio é uma unidade simples de processamento que recebe e combina sinais e informações recebidos de outros neurônios. Se o sinal combinado for forte o suficiente, ele ativa o neurônio, e gera uma resposta (saída). Em uma ANN, a informação é transferida na forma de sinais, da mesma forma que a informação percorre o cérebro. Cada neurônio é responsável por processar dados locais, sendo que o comportamento inteligente da rede vem das interações entre seus neurônios.

O modelo computacional de neurônio mais utilizado é o apresentado por Rosenblatt (1958), denominado *Perceptron*. Ele é utilizado em detrimento do pioneiro modelo de neurônio descrito por McCulloch e Pitts (1943), cujas saídas eram somente um único valor binário. Neste modelo, com a ajuda de diferentes funções de ativação, podemos ter como saída de cada neurônio um valor real, também entre 0 e 1. Ela exibe um neurônio com duas variáveis de entrada (x_1 e x_2) e dois pesos (w_1 e w_2) e uma única saída (y). Basicamente, este neurônio implementa a seguinte equação 4:

$$y = x_1 w_1 + x_2 w_2 \tag{4}$$

Uma rede neural pode ser formada por uma ou mais camadas de neurônios. A entrada para neurônios individuais é determinada pela soma das saídas dos neurônios na camada anterior, que por sua vez é afetada por pesos de conexões neurais individuais e vieses de neurônios anteriores. Os pesos de uma ANN representam como a informação é processada pela rede neural. A entrada de rede é então processada pela função de transferência de neurônios, e a informação, ou sinal, é passada para os neurônios na camada subsequente. Existem várias funções de transferência usadas na ANN, com as funções lineares e sigmoidais sendo as funções de transferência mais comumente utilizadas.

Uma ANN consiste em um conjunto de *perceptrons* ou neurônios interconectados. Assim, cada neurônio é capaz de receber sinais de entrada e transformá-los em um sinal de saída usando uma função de transferência. Os neurônios são organizados em camadas e cada neurônio é conectado a todos os outros neurônios das camadas adjacentes. As camadas de uma ANN geralmente podem ser divididas em camadas de entrada, saída e ocultas, como pode ser observado na Figura 39.

Figura 39 – Ilustração de uma ANN com arquitetura MLP

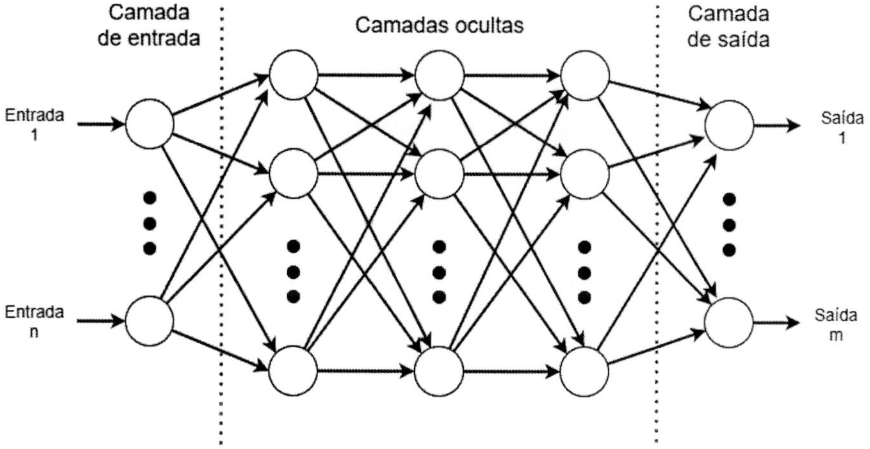

Fonte: os autores (2024)

Redes *Multi-layer Perceptron* (MLP) são compostas por neurônios do tipo *Perceptron*, e são divididas em camadas, sendo uma camada de entrada, uma camada de saída e n camadas intermediárias ou camadas ocultas, sendo $n > 0$. Cada camada é conectada unicamente com sua camada anterior e sua camada posterior. Todo o processo de aprendizado de uma rede MLP é realizado em suas camadas intermediárias. A primeira camada é a camada de entrada, onde os valores das variáveis são alimentados na rede. A camada de entrada geralmente corresponde às variáveis independentes e seu tamanho é determinado pela dimensionalidade do conjunto de dados de entrada. A segunda camada é a camada oculta, que é uma camada de neurônios entre as camadas de entrada e saída e que não tem interação direta com os dados de entrada e saída. Esta camada compreende a principal força motriz por trás da capacidade da ANN de resolver problemas não lineares complexos. A última camada é a camada de saída, onde a previsão da rede é realizada. Nessa camada gera-se a saída da ANN, que, na maioria dos casos, é o valor previsto de uma variável dependente em uma regressão, ou rótulo de classificação.

Uma ilustração de uma rede MLP é dada na Figura 39. Ela descreve uma rede MLP com as variáveis de entrada e os valores de saída, além dos neurônios artificiais divididos em três camadas intermediárias. É possível notar que a conexão entre neurônios só é realizada entre três camadas subsequentes. Nessa figura, cada *perceptron* representa um neurônio artificial e cada seta representa uma conexão da saída de um neurônio artificial para a entrada de outro. Dessa forma, o modelo ANN começa passando as características de cada amostra para a camada de entrada, e então processa essas características através das camadas ocultas, finalmente alcançando a camada de saída onde a resposta final será dada com base nos pesos. Esses pesos são atribuídos a cada recurso com base em sua importância relativa. O processo de ajuste de pesos, conhecido como treinamento, é repetido em vários *loops*, visando minimizar os erros entre a classe prevista e a classe verdadeira.

Árvore de decisão (DT)

A DT prevê um valor ou rótulo para um novo objeto com base nos valores de suas entradas. Os resultados preditivos da DT podem ser representados como um grafo acíclico direcionado na forma de uma árvore

(Figura 40), sendo assim facilmente compreendidos. Uma DT é definida como árvores de regressão quando a variável de destino é contínua e como árvores de classificação quando a variável de destino é discreta.

Figura 40 – Exemplo de árvore de decisão

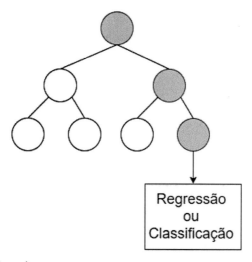

Fonte: os autores (2024)

Uma árvore de classificação e regressão (CART) é uma estrutura clássica usada em muitas técnicas de aprendizado de máquina. Como demonstrado na Figura 40, uma árvore de decisão é composta por nós internos, sendo que o primeiro nó é denominado como raiz e os nós da última camada são denominados como folhas. Dessa forma, a estrutura se inicia com um nó (raiz), que contém todas as entradas do conjunto de dados. Em seguida, ele constrói partições binárias do conjunto de dados de forma que cada nó seja dividido em dois subnós. Este processo é iniciado no nó raiz e executado recursivamente. Os nós finais de um CART são chamados de folhas e podem conter uma única observação do conjunto de dados se a árvore estiver completamente construída. Assim, cada nó interno representa um teste em um recurso. Os arcos que saem de um nó interno são rotulados com uma faixa específica de valores possíveis. Cada nó folha representa um valor de predição ou um rótulo de classe. Dado um novo objeto, uma série de testes ao longo dos nós internos, começando pelo nó raiz, determinará um nó folha que prevê o valor previsto da variável ou a classe.

Floresta aleatória (RF)

Floresta aleatória (RF) é um algoritmo de aprendizado de máquina versátil que pode ser usado tanto para tarefas de regressão como de classificação. Além disso, este algoritmo demonstra um desempenho robusto em uma gama de conjuntos de dados. Como um algoritmo de conjunto, ele pode alcançar o melhor desempenho da classe com baixo erro de generalização. Além disso, este algoritmo pode lidar com muitas variáveis de entrada e é capaz de selecionar as mais importantes variáveis para os modelos de regressão e de classificação, além de precisar de poucos parâmetros de ajuste. Destaca-se que uma das grandes vantagens do RF é que seus modelos apresentam alta precisão mesmo com um pequeno conjunto de dados de treinamento.

Em resumo, a RF é um conjunto de CARTs e, portanto, enquadra-se na categoria de *ensembles* (máquinas de comitê). Cada CART dentro de um RF é construído aleatoriamente, usando dois processos de randomização. O primeiro é o *bootstrap*, que consiste em selecionar um subconjunto das entradas do conjunto de dados para construir cada CART. O segundo é a seleção de variável, que considera apenas um subconjunto das variáveis dependentes originais em cada árvore. Vale destacar que as árvores do RF não avaliam as mesmas variáveis, cada árvore avalia um subconjunto de variáveis e em diferente ordem, e o resultado é a média dos resultados de cada árvore. Em um RF, o resultado para cada entrada do conjunto de dados é calculado como a classe mais classificada (no caso de usar árvores de classificação) ou a média dos valores previstos para a variável dependente (no caso de usar árvores de regressão) (Figura 41). Dessa forma, RF fornece uma precisão melhor do que um único CART, uma vez que a resposta final é calculada usando os valores de saída do conjunto de CART.

Figura 41 – Exemplo de floresta aleatória. (a) RF para regressão e predição de variável contínua. (b) RF para classificação e predição de variável discreta

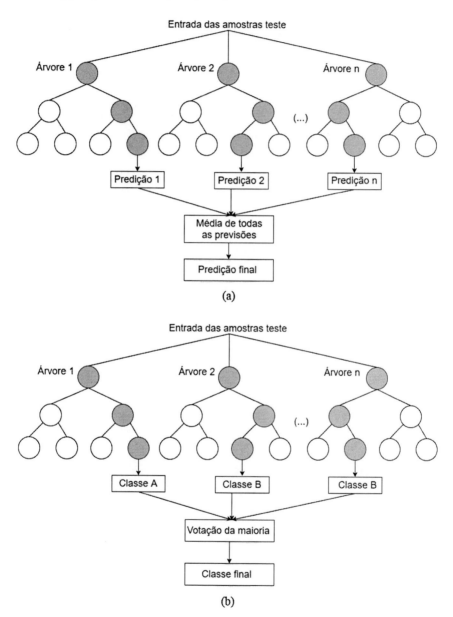

Fonte: os autores (2024)

K-Vizinhos mais próximos (KNN)

KNN é um dos algoritmos mais conhecidos em identificação de padrões estatísticos. A ideia principal por trás do modelo KNN é que ele prevê os rótulos das novas amostras de entrada de acordo com o conjunto mais próximo (ou k-vizinhos mais próximos) das amostras previamente rotuladas. Ou seja, ele encontra as observações mais semelhantes à observação que será prevista e então infere uma possível resposta tirando a média dos valores vizinhos ou escolhendo a resposta mais frequente. Assim, a predição do valor da saída é determinada pela posição de entrada usando o valor médio dos K pontos.

Normalmente KNN calcula os vizinhos mais próximos de uma observação depois de usar uma medida de distância. A distância euclidiana é comumente usada em modelos KNN para medir a distância entre a nova amostra e as amostras de treinamento anteriores. Também pode usar a distância Manhattan, que funciona melhor quando existem muitas características redundantes nos dados. Vale lembrar que é necessário testar cada distância como uma hipótese distinta e verificar, por validação cruzada, qual funciona melhor para o problema em questão. A vantagem do KNN é que ele dispensa treinamento, ou seja, não há pesos/parâmetros a serem atualizados/ajustados.

Máquina de vetores de suporte (SVM)

O SVM é outro algoritmo de aprendizado de máquina supervisionado popular, proposto pela primeira vez por Cortes e Vapnik (1995). O SVM é utilizado tanto para a regressão como para classificação e se destaca em comparação a outros algoritmos por causa de suas soluções superiores de resolver o problema de esparsidade. Além disso, o SVM apresenta diversas qualidades que o tornam atraente para muitos problemas de dados, como o fato de ser utilizado para classificação binária e de várias classes, regressão e detecção de dados anômalos ou novos; por realizar tratamento robusto de dados ruidosos e sobreajuste; além de apresentar capacidade de tratar de soluções com muitas variáveis; e de realizar detecção automática de não linearidade nos dados.

Dado um conjunto de exemplos de treinamento, cada um marcado como pertencente a uma das duas categorias, um algoritmo de treinamento SVM constrói um modelo que prevê se um novo exemplo se enquadra em uma categoria ou em outra. Basicamente, sua ideia principal é projetar os dados de entrada em um espaço de recursos de alta dimensão e então encontrar um hiperplano apoiado pelos vetores de suporte para separar as duas classes com uma margem máxima. Com base nos recursos dos vetores de suporte, o rótulo da nova amostra de entrada pode ser previsto.

Além de realizar a classificação linear, os SVMs podem realizar com eficiência uma classificação não linear usando o que é chamado SVM Kernel. O SVM linear usa funções lineares para expressar um conjunto de hiperplanos lineares e assim dividir o espaço de entrada em diferentes regiões de classe. Os coeficientes das funções lineares são determinados maximizando a separação/margem dos pontos conhecidos mais próximos em ambos os lados do hiperplano. Já o SVM Kernel usa uma função kernel que descreve a correlação entre uma posição de entrada e os pontos conhecidos do conjunto de treinamento, ou seja, para os quais a classe é conhecida. Isso produz um conjunto de hiperplanos não lineares que podem ser usados para classificação.

Validação dos modelos do aprendizado supervisionado

A validação de modelos caracteriza a segunda etapa de um projeto de ML, e otimiza a relação no sentido de uma melhor descrição na resposta de interesse, ou seja, a confiabilidade estatística dos modelos é numericamente testada em vários procedimentos. Esta validação estatística é necessária para garantir a confiabilidade, qualidade e eficácia dos modelos de regressão e classificação, pois testa o modelo prevendo concentrações de amostras, de preferência não usadas na construção, para estabelecer se o modelo de fato irá refletir o comportamento da resposta de interesse.

Na validação externa, um conjunto independente de dados, ou seja, um conjunto de dados que não participaram da construção do modelo, é deixado de fora do treinamento e é usado para testar o modelo de regressão/classificação. Se o conjunto de validação externa for bem ajustado pelo modelo, pode-se dizer com maior confiança que o modelo é representativo dos dados e não está superajustado. Embora o erro do modelo estimado pelo uso de um conjunto de validação externa seja de maior precisão em comparação com a validação cruzada, este método requer que o experimentador deixe de fora parte de todo o conjunto de dados (normalmente 20% dos dados gerais), o que pode resultar em perda substancial em termos de informações capturadas pelo modelo desenvolvido. Assim, ao dividir o conjunto de dados em treinamento e teste, pode-se deixar de fora do treinamento alguns exemplos úteis. Além disso, quando não há muitos exemplos, esses problemas são acrescidos da instabilidade dos resultados da amostragem, além do risco de dividir os dados de modo desfavorável.

A validação cruzada é um método para treinar um algoritmo de aprendizado de máquina que pode ser usado em tarefas de regressão e classificação. Neste método, as amostras são divididas repetidamente em um subconjunto de treinamento e avaliação, e vários modelos são avaliados. Um dos métodos de validação cruzada mais comuns é o k-*fold*, onde k é um parâmetro definido pelo usuário que indica o número de dobras em que o conjunto de dados será dividido.

Em resumo, na validação cruzada, a validação do modelo de regressão é dividida em várias rodadas, em que um número de observações é particionado para servir como conjunto de dados de validação. Os dados restantes são usados para treinar o modelo de regressão, e o modelo desenvolvido é testado usando o conjunto de validação. Este processo é repetido várias vezes, com um conjunto diferente de observações ou dados sendo particionados em cada rodada, e o erro médio do conjunto de validação é usado como uma estimativa do erro do modelo de regressão geral.

Na Figura 42 está apresentado um exemplo de como as amostras são particionadas usando um algoritmo de validação cruzada k-*fold*. Nesse caso, o algoritmo considera k = 5. A cada iteração, as amostras são divididas em cinco dobras, sendo uma dobra usada para treinamento e as demais para validação. Percebe-se que, em cada uma das k iterações do método, uma dobra diferente é utilizada para validação. O desempenho geral do modelo é dado pelo desempenho médio de cada iteração do algoritmo de validação cruzada k-*fold*.

Figura 42 – Representação gráfica do funcionamento da validação cruzada

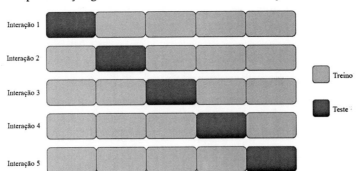

Fonte: os autores (2024)

Portanto, uma maneira de avaliar o sobreajuste de um modelo de regressão é realizar a validação do modelo com um conjunto de dados invisível, comumente conhecido como o conjunto de validação, e comparar o erro de validação (R^2 e RMSE) com o do conjunto de dados de treinamento. O conjunto de validação pode ser derivado interna e externamente. Assim, o erro quadrático médio (RMSE) e o coeficiente de correlação (R^2) são utilizados como parâmetros estatísticos para avaliar o desempenho do modelo.

Pode-se medir a qualidade do modelo pelo seu coeficiente R^2 da calibração, sendo que quanto mais próximo de 1, melhor é a qualidade do modelo. Alguns autores recomendam que, para um modelo ser considerado válido, ele deve apresentar um $R^2 > 0,8$ na fase de calibração e $R^2 > 0,5$ nas fases de validação e teste. Além disso, ele deve também apresentar baixo valor de RMSE. Porém, Chirico e Gramatica (2011) recomendam valores de $R^2 > 0,7$ para calibração e $R^2 > 0,6$ para validação e testes.

Aplicação do aprendizado de máquina às ciências sensoriais

A ciência sensorial de alimentos é considerada como um processo--chave no desenvolvimento de novos produtos, além de ser essencial para fazer a ponte entre as características do produto e a percepção e aceitação do consumidor. Além disso, a avaliação sensorial da qualidade dos alimentos usando uma abordagem de aprendizado de máquina fornece um meio de medir a qualidade dos produtos alimentícios. Assim, esse tipo de avaliação pode auxiliar na melhoria da composição dos alimentos e estimular o desenvolvimento de novos produtos alimentícios.

A maioria das aplicações de aprendizado de máquina para a ciência sensorial tem se concentrado no desenvolvimento de modelos de regressão e classificação a partir de dados da composição do produto. É possível encontrar na literatura alguns estudos que demonstram que as medidas físicas e físico-químicas se correlacionam bem com as medidas sensoriais. Entre os casos mais relevantes, destacam-se o estudo realizado por Yu, Low e Zhou (2018), que correlacionaram a satisfação do consumidor com medidas químicas de chá verde. Caballero *et al.* (2018) correlacionaram medidas físico-químicas com sensoriais de lombo. Vigneau *et al.* (2018) correlacionaram compostos voláteis com respostas sensoriais em vinhos. Nunes *et al.* (2017) correlacionaram os dados físico-químicos com os dados sensoriais para predizer a aceitação de alimentos termoprocessados (pão francês, pão de forma com farinha de resíduo da filetagem de peixe e café), por meio de modelos multivariados. Cadena *et al.* (2013) demonstraram que os dados sensoriais descritivos e físico-químicos do néctar de manga se correlacionaram com o teste de aceitação do consumidor. Piombino *et al.* (2013) correlacionaram voláteis e parâmetros físico-químicos com a aceitação de tomates. Por fim, modelos multivariados também foram utilizados para predizer a aceitação sensorial dos consumidores, com base nos parâmetros físico-químicos de diferentes frutas, como laranja, abacaxi, uva e morango.

Dessa forma, o aprendizado de máquina tem sido frequentemente utilizado para classificação e regressão, e encontraram-se aplicações em diferentes produtos. Exemplos de estudos recentes utilizando ML para predizer respostas sensoriais foram resumidos na Tabela 11.

Tabela 11 – Aplicações de aprendizado de máquina supervisionado em estudos sensoriais

Produto	Objetivo	Algoritmo	Referência
Chá verde	Classificação das notas de sabor com base na satisfação do consumidor	ANN de retropropagação para classificação usando níveis de aceitação do consumidor	Kengpol e Wangkananon (2015)
Vinho	Predição dos atributos sensoriais das concentrações de compostos fenólicos	PLS para predizer respostas de provadores treinados	Gao *et al.* (2015)
Carne	Predição da qualidade da carne a partir de dados do nariz eletrônico	SVM para predizer a qualidade sensorial	Mohareb *et al.* (2016)
Leite	Predizer a aceitação do consumidor	PLS	Lawrence, Lopetcharat e Drake (2016)
Pão e café	Predizer a aceitação do consumidor a partir de parâmetros físico-químicos	MLR	Nunes *et al.* (2017)
Mamão	Predição do amadurecimento do mamão e classificação em três estágios de maturação	RF para predizer o amadurecimento por meio de imagens digitais	Pereira *et al.* (2018)

Produto	Objetivo	Algoritmo	Referência
Vinho	Predição das características olfativas dos vinhos a partir de seu teor de compostos orgânicos voláteis	RF para predizer respostas sensoriais de provadores treinados	Vigneau *et al.* (2018)
Carne	Predição dos atributos sensoriais de lombo suíno a partir de dados de espectroscopia de infravermelho próximo	MLR para predizer respostas de provadores treinados	González-Mohino *et al.* (2018)
Azeite	Predição de características sensoriais a partir de parâmetros físico-químicos e químicos	MLR para predizer respostas de provadores treinados	Rodrigues *et al.* (2019)
Iogurte	Predição da aceitação de sabor do iogurte a partir de dados do nariz eletrônico	Rede neural e RF para classificar as amostras em satisfatório ou insatisfatório	Tian *et al.* (2020)
Queijo Minas Frescal	Predição da aceitação dos consumidores	RF, árvores impulsionadas por gradiente e máquina de aprendizado extremo	Rocha *et al.* (2020)
Aroma de peixe fermentado	Predição do perfil de aroma de peixe a partir dos compostos voláteis	PLS para predizer respostas de provadores treinados	Gao *et al.* (2020)
Vinho	Predição dos perfis sensoriais de vinho a partir de dados de espectroscopia de infravermelho próximo	ANN para predizer respostas sensoriais de provadores treinados	Fuentes *et al.* (2020)
Cerveja	Predição da aceitação com base nos dados do nariz eletrônico, espectroscopia de infravermelho próximo e parâmetros físico-químicos	ANN para predizer as respostas sensoriais de consumidores	Gonzalez Viejo e Fuentes (2020)

Produto	Objetivo	Algoritmo	Referência
Presunto	Predição de parâmetros sensoriais a partir de dados de espectroscopia de infravermelho próximo	ANN para predizer respostas de provadores treinados	Hernandez-Ramos *et al.* (2020)
Queijo	Predição de atributos sensoriais a partir de dados de espectroscopia de infravermelho próximo	ANN para predizer respostas de provadores treinados	Curto *et al.* (2020)
Café	Predição de sabores de cafés especiais com base em espectroscopia de infravermelho próximo de café moído como entrada	*Deep learning* (DL), SVM e Rede neural convolucional profunda para predizer descrições sensoriais de provadores treinados	Chang *et al.* (2021)
Morango	Predição da aceitação, expectativa e ideal de doçura, suculência e acidez a partir de parâmetros físico-químicos	Floresta aleatória (RF) para predizer respostas sensoriais de consumidores	Ribeiro *et al.* (2021)
Morango	Classificação dos morangos em satisfeito ou não satisfeito e pagaria mais ou não pagaria mais	Floresta aleatória (RF) para predizer respostas sensoriais de consumidores	Ribeiro *et al.* (2021)
Espinafre	Classificação do frescor do espinafre a partir dos parâmetros de cor de imagens digitais	SVM para predizer respostas de provadores treinados	Koyama *et al.* (2021)
Iogurte de soja	Classificação e rastreabilidade dos iogurtes de soja com diferentes adoçantes (naturais e artificiais) a partir de parâmetros físico-químicos	LDA para predizer as respostas de provadores semitreinados	Rana, Babor e Sabuz (2021)

Fonte: os autores (2024)

O aprendizado de máquina tem sido frequentemente utilizado como estratégia para avaliar dados relacionados com as ciências sensoriais dos alimentos. Vimos que o aprendizado de máquina pode fornecer de maneira eficiente previsões das respostas sensoriais em função da composição, imagens ou dados descritivos dos alimentos, e assim acelerar o desenvolvimento de novos produtos e garantir a qualidade dos alimentos.

Vimos também que existem diferentes algoritmos de ML e todos podem ser utilizados para dados sensoriais. A escolha do algoritmo dependerá do conjunto de dados e do objetivo. Observamos que o uso de algoritmos mais simples e menos complexos podem se ajustar bem aos dados sensoriais e responder ao objetivo proposto.

Embora o aprendizado de máquina tenha sido utilizado com sucesso na análise sensorial, deve-se estar atento ao tamanho do conjunto de dados. Para uma resposta robusta e confiável é necessário que o conjunto de dados seja grande o suficiente para que os algoritmos possam realizar o reconhecimento de padrões. Alguns algoritmos geralmente produzem previsões insatisfatórias ao trabalhar com pequenos conjuntos de dados. Assim, o banco de dados sensoriais pode ser uma limitação ao aprendizado de máquina e um desafio para os pesquisadores.

Referências

CABALLERO, D.; CARO, A.; DAHL, A. B.; ERSBØLL, B. K.; AMIGO, J. M.; PÉREZ-PALACIOS, T.; ANTEQUERA, T. Comparison of different image analysis algorithms on mri to predict physicochemical and sensory attributes of loin. *Chemometrics and Intelligent Laboratory Systems*, Holanda, v. 180, p. 54-63, 2018.

CADENA, R. S.; CRUZ, A. G.; NETTO, R. R.; CASTRO, W. F.; FARIA, J. D. A. F.; BOLINI, H. M. A. Sensory profile and physicochemical characteristics of mango nectar sweetened with high intensity sweeteners throughout storage time. *Food Research International*, Reino Unido, v. 54, n. 2, p. 1670-1679, 2013.

CHANG, Y. T.; HSUEH, M. C.; HUNG, S. P.; LU, J. M.; PENG, J. H.; CHEN, S. F. Prediction of specialty coffee flavors based on nearinfrared spectra using machine- -and deep-learning methods. *Journal of the Science of Food and Agriculture*, Reino Unido, v. 101, n. 11, p. 4705-4714, 2021.

CHEN, X.; YANG, J.; ZHANG, D.; LIANG, J. Complete large margin linear discriminant analysis using mathematical programming approach. *Pattern recognition*, Reino Unido, v. 46, n. 6, p. 1579-1594, 2013.

CHIRICO, N.; GRAMATICA, P. Real external predictivity of qsar models: how to evaluate it? comparison of different validation criteria and proposal of using the concordance correlation coefficient. *Journal of chemical information and modeling*, Estados Unidos, v. 51, n. 9, p. 2320-2335, 2011.

CORTES, C.; VAPNIK, V. Support-vector networks. *Machine learning*, Boston, v. 20, n. 3, p. 273-297, 1995.

CURTO, B.; MORENO, V.; GARCÍA-ESTEBAN, J. A.; BLANCO, F. J.; GONZÁLEZ, I.; VIVAR, A.; REVILLA, I. Accurate prediction of sensory attributes of cheese using near-infrared spectroscopy based on artificial neural network. *Sensors*, Suíça, v. 20, n. 12, p. 3566, 2020.

DA SILVA, C. W.; FELIX, L. B.; MINIM, V. P. R.; CAMPOS, R. C.; MINIM, L. A. Development of a hybrid system based on convolutional neural networks and support vector machines for recognition and tracking color changes in food during thermal processing. *Chemical Engineering Science*, Reino Unido, v. 240, n. 4, p. 116679, 2021.

DA SILVA, C. W.; MINIM, V. P. R.; FELIX, L. B.; MINIM, L. A. Short convolutional neural networks applied to the recognition of the browning stages of bread crust. *Journal of Food Engineering*, Reino Unido, v. 277, p. 109916, 2020.

FERREIRA, M.; ANTUNES, A. M.; MELGO, M. S.; VOLPE, P. L. Quimiometria i: calibração multivariada, um tutorial. *Química Nova*, Campinas, v. 22, n. 5, p. 724-731, 1999.

FUENTES, S.; TORRICO, D. D.; TONGSON, E.; GONZALEZ VIEJO, C. Machine learning modeling of wine sensory profiles and color of vertical vintages of pinot noir based on chemical fingerprinting, weather and management data. *Sensors*, Suíça, v. 20, n. 13, p. 3618, 2020.

GAO, P.; JIANG, Q.; XU, Y.; YANG, F.; YU, P.; XIA, W. Aroma profiles of commercial chinese traditional fermented fish (suan yu) in western hunan: Gc-ms, odor activity value and sensory evaluation by partial least squares regression. *International Journal of Food Properties*, Estados Unidos, v. 23, n. 1, p. 213-226, 2020.

GAO, Y.; TIAN, Y.; LIU, D.; LI, Z.; ZHANG, X. X.; LI, J. M.; HUANG, J. H.; WANG, J.; PAN, Q. H. Evolution of phenolic compounds and sensory in bottled red wines and their co-development. *Food Chemistry*, Reino Unido, v. 172, p. 565-574, 2015.

GONZALEZ-VIEJO, C.; FUENTES, S. Low-cost methods to assess beer quality using artificial intelligence involving robotics, an electronic nose, and machine learning. *Fermentation*, Suíça, v. 6, n. 4, p. 104, 2020.

GOUSE, S.; HELINI, K. A comparative performance analysis of different unsupervised and reinforcement learning algorithms of machine learning using python. algorithms, Índia, v. 15, n. 16, p. 17, 2019.

GOYAL, K.; KUMAR, P.; VERMA, K. Food adulteration detection using artificial intelligence: A systematic review. *Archives of Computational Methods in Engineering*, Espanha v. 29, n. 4, p. 1-30, 2021.

HAN, T.; JIANG, D.; ZHAO, Q.; WANG, L.; YIN, K. Comparison of random forest, artificial neural networks and support vector machine for intelligent diagnosis of rotating machinery. *Transactions of the Institute of Measurement and Control*, Estados Unidos, v. 40, n. 8, p. 2681-2693, 2018.

JIMÉNEZ-CARVELO, A. M.; GONZÁLEZ-CASADO, A.; BAGURGONZÁLEZ, M. G.; CUADROS-RODRÍGUEZ, L. Alternative data mining/machine learning methods for the analytical evaluation of food quality and authenticity–a review. *Food research international*, Reino Unido, v. 122, p. 25-39, 2019.

KENGPOL, A.; WANGKANANON, W. An assessment of customer contentment for ready-to-drink tea flavor notes using artificial neural networks. *In*: KENGPOL, A.; WANGKANANON, W. *Toward sustainable operations of supply chain and logistics systems*. New York: Springer, 2015. p. 421-434.

KOYAMA, K.; TANAKA, M.; CHO, B. H.; YOSHIKAWA, Y.; KOSEKI, S. Predicting sensory evaluation of spinach freshness using machine learning model and digital images. *Plos one*, Estados Unidos, v. 16, n. 3, p. e0248769, 2021.

LAWRENCE, S.; LOPETCHARAT, K.; DRAKE, M. Preference mapping of soymilk with different us consumers. *Journal of food science*, Estados Unidos, v. 81, n. 2, p. S463-S476, 2016.

LIN, Y. W.; DENG, B. C.; XU, Q. S.; YUN, Y. H.; LIANG, Y. Z. The equivalence of partial least squares and principal componente regression in the suficiente dimension reduction framework. *Chemometrics and Intelligent Laboratory Systems*, Holanda, v. 150, p. 58-64, 2016.

LIU, H.; FU, Z.; YANG, K.; XU, X.; BAUCHY, M. Machine learning for glass science and engineering: A review. *Journal of Non-Crystalline Solids*, Holanda, v. 557, p. 119419, 2021.

LU, N. V.; TANSUCHAT, R.; YUIZONO, T.; HUYNH, V. N. Incorporating active learning into machine learning techniques for sensory evaluation of food. Internatio- nal *Journal of Computational Intelligence Systems*, França, v. 13, n. 1, p. 655-662, 2020.

MCCULLOCH, W. S.; PITTS, W. A logical calculus of the ideas immanent in nervous activity. *The bulletin of mathematical biophysics*, Estados Unidos, v. 5, n. 4, p. 115-133, 1943.

MOHAREB, F.; PAPADOPOULOU, O.; PANAGOU, E.; NYCHAS, G. J.; BESSANT, C. Ensemble-based support vector machine classifiers as an efficient tool for quality assessment of beef fillets from electronic nose data. *Analytical Methods*, Reino Unido, v. 8, n. 18, p. 3711-3721, 2016.

NUNES, C. A.; SOUZA, V. R.; RODRIGUES, J. F.; PINHEIRO, A. C. M.; FREITAS, M. P.; BASTOS, S. C. Prediction of consumer acceptance in some thermoprocessed food by physical measurements and multivariate modeling. *Journal of Food Pro- cessing and Preservation*, Reino Unido, v. 41, n. 5, p. e13178, 2017.

PEREIRA, L. F. S.; BARBON JR, S.; VALOUS, N. A.; BARBIN, D. F. Predicting the ripening of papaya fruit with digital imaging and random forests. *Computers and Electronics in Agriculture*, Holanda, v. 145, n. 1, p. 76-82, 2018.

PERROT, N.; IOANNOU, I.; ALLAIS, I.; CURT, C.; HOSSENLOPP, J.; TRYSTRAM, G. Fuzzy concepts applied to food product quality control: A review. *Fuzzy sets and systems*, Holanda, v. 157, n. 9, p. 1145-1154, 2006.

PIOMBINO, P.; SINESIO, F.; MONETA, E.; CAMMARERI, M.; GENOVESE, A.; LISANTI, T.; MOGNO, M.; PEPARAIO, M.; TERMOLINO, P.; MOIO, L. *et al*. Inves- tigating physicochemical, volatile and sensory parameters playing a positive or a negative role on tomato liking. *Food Research International*, Holanda, v. 50, n.1, p. 409-419, 2013.

RANA, M. R.; BABOR, M.; SABUZ, A. A. Traceability of sweeteners in soy yogurt using linear discriminant analysis of physicochemical and sensory parameters. *Journal of Agriculture and Food Research*, Holanda, v. 5, n. 1, p. 100155, 2021.

RIBEIRO, M. N.; CARVALHO, I. A.; FONSECA, G. A.; LAGO, R. C.; ROCHA, L. C.; FERREIRA, D. D.; VILAS BOAS, E. V.; PINHEIRO, A. C. Quality control of fresh strawberries by a random forest model. *Journal of the Science of Food and Agriculture*, Estados Unidos, v. 101, n. 11, p. 4514-4522, 2021.

RIBEIRO, M. N.; RODRIGUES, D. M.; ROCHA, R. A. R.; SILVEIRA, L. R.; CONDINO, J. P. F.; JÚNIOR, A. C.; DE SOUZA, V. R.; NUNES, C. A.; PINHEIRO, A. C. M. Optimising a stevia mix by mixture design and napping: A case study with high protein plain yoghurt. *International Dairy Journal*, Estados Unidos, v. 110, p. 104802, 2020.

ROCHA, R.; CALVALCANTI, R.; SILVA, R.; GUIMARÃES, J. T.; BALTHAZAR, C. F.; PIMENTEL, T. C.; ESMERINO, E. A.; FREITAS, M. Q.; GRANATO, D.; COSTA, R. G. *et al.* Consumer acceptance and sensory drivers of liking of minas frescal minas cheese manufactured using milk subjected to ohmic heating: Performance of machine learning methods. *LWT-Food Science and Technology*, Holanda, v. 126, p. 109342, 2020.

RODRIGUES, N.; MARX, Í. M.; CASAL, S.; DIAS, L. G.; VELOSO, A. C.; PEREIRA, J. A.; PERES, A. M. Application of an electronic tongue as a single-run tool for olive oils' physicochemical and sensory simultaneous assessment. *Talanta*, Reino Unido, v. 197, p. 363-373, 2019.

ROSENBLATT, F. The perceptron: a probabilistic model for information storage and organization in the brain. *Psychological review*, Estados Unidos, v. 65, n. 6, p. 386, 1958.

TIAN, H.; LIU, H.; HE, Y.; CHEN, B.; XIAO, L.; FEI, Y.; WANG, G.; YU, H.; CHEN, C. Combined application of electronic nose analysis and back-propagation neural network and random forest models for assessing yogurt flavor acceptability. *Journal of Food Measurement and Characterization*, Estados Unidos, v. 14, n. 1, p. 573-583, 2020.

VIGNEAU, E.; COURCOUX, P.; SYMONEAUX, R.; GUÉRIN, L.; VILLIÈRE, A. Random forests: A machine learning methodology to highlight the volatile organic compounds involved in olfactory perception. *Food Quality and Preference*, Reino Unido, v. 68, p. 135-145, 2018.

YING, X. An overview of overfitting and its solutions. *Journal of Physics: Conference Series*, Reino Unido, v. 1168, n. 2, p. 22022, 2019.

YU, P.; LOW, M. Y.; ZHOU, W. Design of experiments and regression modelling in food flavour and sensory analysis: A review. *Trends in Food Science & Technology*, Holanda, v. 71, p. 202-215, 2018.

CAPÍTULO 7

MARKETING SENSORIAL EM ALIMENTOS

Luiz Fernando de Aguiar

Em um saguão de aeroporto, de repente suas narinas são atingidas por um odor adocicado incrível, que mescla chocolate, caramelo e castanhas, de modo a despertar um sentimento reconfortante e um forte desejo de levar essa mistura de odores ao paladar. Nesse momento, a imagem da sua cama à sua espera se apaga, e seu trajeto direto para a saída do aeroporto é inexplicavelmente desviado para um pequeno quiosque que oferece milagrosos confeitos de *nuts* proporcionadores da alegria. A rede norte-americana Nutty Bavarian é um grande exemplo da utilização do marketing sensorial a favor do seu negócio, aproveitando um atributo natural de seus produtos: o intenso odor exalado pelo glaceamento de suas castanhas. Em 2010, pesquisa encomendada pela própria empresa com 300 consumidores apontou que 66,77% teriam suas compras motivadas pelo cheiro.

A evolução do processo industrial junto à evolução da sociedade tornou a qualidade um padrão básico para a colocação de produtos no mercado, agregando à concorrência entre marcas os ideais e experiências que proporcionam ao consumidor. Esse fato supera o marketing baseado apenas no racional, em atributos físicos, e abre o mercado para uma visão emocional da aquisição de produtos e serviços.

O marketing sensorial estuda o comportamento do consumidor e a sua conexão com os cinco sentidos reconhecidos: tato, olfato, paladar, visão e audição. Tudo para criar um vínculo mais profundo da marca com seu público. Complexa, é uma estratégia eficiente para alavancar vendas e trazer lealdade de consumo diante de uma sociedade que tem a variedade a seu dispor.

Hoje, conseguimos reconhecer uma marca de roupas pelo cheiro e, ao entrar em um supermercado, somos envolvidos por uma música empolgante e uma exposição de produtos milimetricamente perfeita, que nos fazem sair um pouco da lista de compras e adquirir produtos que não estavam previstos somente pelo prazer de estar vivendo aquele momento.

Enquanto conceito, o marketing sensorial pode estar muito ligado a ações no varejo, por meio da transformação de lojas de diferentes segmentos em grandes templos de experiências. No entanto, o mercado alimentício é um dos que mais podem e devem se aproveitar de forma estratégica desta poderosa ferramenta.

Um estudo da Euromonitor de 2016, intitulado *Flavours: Tasting Success Through Innovation*, traz esta ideia de forma indireta quando falamos de sabor. De acordo com o material, muito mais do que palatabilidade, as indústrias e profissionais do campo de alimentação podem e devem ir além da simples palatabilidade, tratando o aroma (agente de saborização), por exemplo, como uma poderosa ferramenta que segmenta, diferencia e até define uma marca e/ou produto na mente do consumidor (Quadro 1).

Quadro 1 – Uso do sabor

Uso do sabor	Palatabilidade	Ferramentas de marketing	
			• Diferenciação do produto
			• Gerando emoção
			• Adicionando valor/premiumização
			• Definição de marca e identidade
			• Segmentação demográfica específica
			• Posicionamento sazonal
			• Intervalos de segmentação

Fonte: Euromonitor International (2016)

Esse olhar mais estratégico no momento da concepção de um produto alimentício está ligado diretamente a uma das principais macrotendências de consumo, a indulgência, e, à medida que esta se alia ao movimento de saúde e bem-estar, faz da estratégia sensorial fundamental. No entanto, este trabalho não está somente ligado ao sabor do produto, inicia-se em sua embalagem e vai se complementando a cada interação do consumidor com o alimento, de modo a trabalhar os cinco sentidos de forma sinérgica.

A ideia desta forma de trabalho é desmembrar o propósito de um produto e dividi-lo em impactos para cada um dos sentidos, uma desconstrução do ícone desmembrando-o em emoções que chegam às memórias mais antigas do indivíduo, afinal, muito mais do que nutrir, um alimento conta histórias e desvenda culturas.

A visão é o primeiro ponto de contato do consumidor e também, segundo Batey (2010), ocupa 35% da dedicação de nosso cérebro. Por isso, a sua importância. No entanto, com o número de impactos visuais a que somos submetidos atualmente, a visão por si só acaba por ter parte de sua efetividade em marketing comprometida quando tratamos de uma ação solitária. Para buscar amenizar este desgaste, o trabalho com as cores é interessante para despertar emoções, pois, de acordo com o mesmo autor, representam uma combinação de fatores culturais, biológicos, sociais, psicológicos e fisiológicos. Quando são bem trabalhadas, em uma embalagem, atraem o consumidor pelo impacto à distância e, se acompanhadas de *claims* atrativos, como citações à saudabilidade, qualidade e promoção de bem-estar, condizentes com todo o contexto do produto, podem garantir a experimentação pela primeira compra.

Apesar de a embalagem já ter o poder de criar o *rapport* com a ocasião do consumo, explorar o sentido da visão em produtos também é uma estratégia matadora. Vivemos em uma era em que tudo é compartilhado on-line e somos diretamente influenciados por uma boa imagem e, no geral, aquilo que é atraente é compartilhado. O mercado da panificação e confeitaria é um prato cheio para este trabalho. Cores e formatos são constantemente criados, fazendo diretamente parte da tendência de 2016 apontada pela Mintel *"Eat With Your Eyes"*, que com os reflexos da pandemia da Covid-19 ganhou ainda mais relevância. Em 2020, segundo dados de uma pesquisa da mesma agência, 36% dos brasileiros indicaram que experimentaram novos pratos porque o cardápio continha descrição detalhada com fotos.

Lançado em 2019 na Coreia do Sul, o Ddasoongimi Watermelon Bread apresenta as cores de uma melancia e foi produzido com a ajuda do programa de TV coreano *Hideen Masters*, depois que o pão original feito em uma pequena vila ficou famoso por ser apresentado nesse programa (Figura 43).

Figura 43 – Pão coreano com as cores de melancia

Fonte: Ddasoongimi Watermelon Bread (2019)

A SuperMoon Bake House, nos Estados Unidos, foi referência em relatórios de tendências em 2018, visto a apresentação de seus *croissants* coloridos, com diferentes camadas, e suas embalagens inspiradas em universos lúdicos.

Tato

Depois do impacto visual, temos a tendência em fazer a utilização do toque. Pegar um produto ou objeto é o primeiro incentivo que nos dá uma noção mais concreta sobre ele. Assim, ganhamos maior segurança sobre a percepção dos estímulos anteriores e por consequência sobre a marca como um todo também.

Por isso, a textura pode ser trabalhada já na embalagem, como é comum no mercado de bebidas. Formatos diferentes em garrafas e latas texturizadas trazem experiências diferenciadas ao consumidor. No entanto, a textura é parte do produto e se torna cada vez mais um componente importante de sabor.

Em 2018, a Mintel divulgou a tendência *New Sensations* que coloca a textura como um elemento diferenciado. Uma pesquisa divulgada pela agência no mesmo ano trouxe a informação de que 19% dos consumidores brasileiros estariam interessados em *cookies* mais finos e mais crocantes, por exemplo. E o campo da textura ainda pode ir além, como o *soft*, o cremoso e até a utilização dos famosos *popping candies*, confeitos que "explodem" na boca e dão uma nova interação ao alimento.

Audição

De acordo com Cavaco (2010), a música tem um poder de persuasão impressionante, sendo a audição um sentido muito sensível que leva a sonoridade até o tálamo, um importante centro nervoso localizado no cérebro humano, com papel considerável no processo de cognição, regulação das atividades autônomas e transmissão de impulsos sensitivos da medula espinhal, do cerebelo, do tronco encefálico e de outras regiões do cérebro até o córtex cerebral. E quando tratada de forma estratégica, clara e coerente em Marketing, pode criar um vínculo emocional muito forte com a marca. Nesse ponto, vale destacar a observação de Martin Lindstrom de que existe uma diferença clara entre ouvir e escutar. O primeiro é apenas uma recepção da informação e o segundo, a filtragem da mesma e a geração de uma reação. O toque do iPhone, por exemplo, tem característica própria e, quando acionado, já permite ao consumidor identificar o produto.

Cavaco (2010) também explicita que "ao som de uma música agradável, os compradores que tendem a comprar por impulso, compram ainda mais". Ao entrar em uma loja do Eataly, além de todo o aspecto visual bem estabelecido, seus ouvidos são "invadidos" por uma música que faz jus ao ambiente e reforça o favorecimento do consumo.

Trazendo ainda mais para a indústria de alimentos, a Kelloggs historicamente utiliza o som provocado pela mordida crocante dos cereais em seus comerciais para reforçar a qualidade de seus produtos.

Olfato

O olfato é o primeiro sentido químico e, pelo seu contato direto com o sistema límbico, desperta e ativa memórias quase que instantaneamente. Em uma caracterização de produtos pelo odor, esta função fica muito clara, pois neste momento termos como "infância", "casa de avó", "cinema", entre outros ligados ao campo emocional, são evocados para buscar descrever o produto. Segundo Batey (2010), "as pessoas são capazes de se lembrar de aromas com 65% de perfeição depois de um ano, enquanto a lembrança visual de uma fotografia cai para cerca de 50% depois de apenas três meses".

Em Seul, Coreia do Sul, buscando levar as pessoas às suas lojas também pelo café e não somente pelo *donuts*, a Dunkin' Donuts instalou nos ônibus de Seul um aromatizador que era acionado toda vez que seu anúncio era veiculado na rádio.

O dispensador era ativado por um sistema de reconhecimento de voz que processava o anúncio de rádio e espalhava no ar do ônibus um leve aroma de café que reforçava a conexão sensorial à marca. Mais de 350.000 pessoas foram expostas ao anúncio, as visitas às lojas aumentaram 16% e as vendas subiram 29%.

Paladar

Um sentido cultural despertado pelo olfato, o paladar é o sentido mais complexo de se trabalhar. No caso de alimentos, é aquele que confirma e conclui a experiência do consumidor em relação a todas as promessas dos sentidos anteriores e, assim, pode contribuir para a recompra ou não.

Integrar o paladar à visão, audição, tato e olfato é, portanto, fundamental para a sua efetividade. Assim a intensidade e a fidelidade de aromas e texturas podem ser fatores determinantes. Quando tratamos de algo fresco, é de grande importância que o sabor não tenha notas passadas e cozidas, por exemplo. É pela confirmação do paladar que as expressões corporais, principalmente as faciais, atingem seu ápice, podendo ser positivas ou não.

Dados da Mintel de 2021 indicam que 90% dos consumidores brasileiros dizem que ingredientes e sabores reconhecidos trazem conforto emocional. É a ideia do Comfort Food, que vem tornando-se cada vez mais um caminho certo para engajar o consumidor.

Por fim, a multissensorialidade é praticamente um atributo fundamental do mercado de alimentos e bebidas, e, na realidade de concorrência constante, despertar a melhor experiência no consumidor é crucial. Para isso, é preciso entender quais emoções cada público busca e quais a marca consegue transmitir conectando todos os sentidos na apresentação do produto final. Afinal, o que vale no fim é a conexão criada entre a sua marca e o seu público, e ela tem técnica, mas não é tão racional.

Referências

BATEY, M. *O significado da marca*: como as marcas ganham vida na mente dos consumidores. Rio de Janeiro: Best Business, 2010.

CAVACO, N. A. *Consumismo é coisa da sua cabeça*: o poder do neuromarketing. Rio de Janeiro: Editora Ferreira, 2010.

LINDSTROM, M. *A lógica do consumo*: verdades e mentiras sobre porque compramos. Rio de Janeiro: Nova Fronteira, 2009.

MINTEL. New sensations. mintel trends. Disponível em: https://www.mintel.com/insights/food-and-drink/2018-global-food-drink-trends-how-did-we-do-22/. Acesso em: jul. 2018.

MINTEL. Eat with your eyes. Progresses beyond novelty color. Mintel Trends. Disponível em: https://www.mintel.com/. Acesso em: ago. 2020.

MINTEL. Tendências em sabores e ingredientes. Mintel Trends. Disponível em: https://www.mintel.com/. Acesso em: abr. 2021.

SOBRE OS AUTORES

Aline Machado Pereira

Doutora em Ciência e Tecnologia de Alimentos pela Universidade Federal de Pelotas (UFPel), mestra em Ciência e Tecnologia de Alimentos pela UFPel, especialista em Ciência dos Alimentos pela UFPel e graduada em Química de Alimentos pela UFPel.

Orcid: 0000-0002-6055-4449.

Ana Carla Marques Pinheiro

Doutora em Ciências dos Alimentos pela Universidade Federal de Lavras (UFLA), sendo sanduíche no Departamento de Alimentos e Nutrição na FEA/Unicamp, mestra em Ciências dos Alimentos pela UFLA, graduada em Agronomia pela UFLA.

Orcid: 0000-0002-3441-5285.

Bianca Pio Ávila

Pós-doutorado Empresarial FAPERGS/UFPEL/CNPQ, pós-doutorado em Pesquisa e Desenvolvimento – Laboratório Federal de Defesa Agropecuária/RS, doutora em Agronomia pela Universidade Federal de Pelotas (UFPel), doutora em Ciência e Tecnologia de Alimentos pela UFPel, mestra em Ciência e Tecnologia de Alimentos pela UFPel, especialista técnica em Plantas Bioativas e graduada em Agronomia pela UFPel.

Orcid: 0000-0001-5356-828X.

Camila Castencio Nogueira

Doutora em Nutrição e Alimentos pela Universidade Federal de Pelotas (UFPel), mestra em Nutrição e Alimentos pela UFPel, graduada em Nutrição pela UFPel.

Orcid: 0000-0003-3345-6883.

Carlos Iván Méndez Gallardo

Mestre em Ciência e Tecnologia de Alimentos pela Universidade Federal de Pelotas (UFPel), graduado em Engenharia de Alimentos pela Universidad Simón Bolívar (México).

Orcid: 0000-0001-8554-5568.

Danton Diego Ferreira

Pós-doutorado pela Universidade Federal de Juiz de Fora (UFJF), doutor em Engenharia Elétrica pela Universidade Federal do Rio de Janeiro (UFRJ), mestre em Engenharia Elétrica pela UFJF, graduado em Engenharia Industrial Elétrica pela Universidade Federal de São João Del Rei (UFSJ).

Orcid: 0000-0002-4504-7721.

Estefania Júlia Dierings de Souza

Doutora em Ciência e Tecnologia de Alimentos pela Universidade Federal de Pelotas (UFPel), mestra em Ciência e Tecnologia de Alimentos pela UFPel, especialista em Ciências dos Alimentos pela UFPel, graduada em Química de Alimentos pela UFPel.

Orcid: 0000-0001-7854-8795.

Jéssica Sousa Guimarães

Doutora em Ciência dos Alimentos pela Universidade Federal de Lavras (UFLA), mestra em Ciência dos Alimentos pela UFLA, graduada em Nutrição pela UFLA.

Orcid: 0000-0003-1027-039X.

Layla Damé Macedo

Doutoranda em Ciência e Tecnologia de Alimentos pela Universidade Federal de Pelotas (UFPel), mestra em Ciência e Tecnologia de Alimentos pela UFPel, graduada em Química de Alimentos pela UFPel.

Orcid: 0000-0001-5456-9612.

Lucíla Vicari

Doutora em Ciência e Tecnologia de Alimentos pela Universidade Federal de Pelotas (UFPel), mestra em Ciência e Tecnologia de Alimentos pela UFPel, especialista em Ciência dos Alimentos e graduada em Química de Alimentos pela UFPel.

Orcid: 0000-0003-3498-3001.

Luiz Fernando de Aguiar

Pós-graduado em Gestão da Experiência do Consumidor e Marketing Digital pela Pontifícia Universidade Católica do Paraná (PUCPR), graduado em Publicidade e Propaganda (FAE Centro Universitário).

Orcid: 0009-0009-6789-2617.

Márcia Arocha Gularte

Pós-doutorado em Agroquímica e Tecnologia de Alimentos pelo Instituto de Agroquímica y Tecnología de Alimentos (IATA) – Valencia, Espanha, doutora em Ciência e Tecnologia Agroindustrial pela Universidade Federal de Pelotas (UFPel), mestra em Ciências dos Alimentos pela Universidade Federal de Santa Catarina (UFSC), especialista em Ciência dos Alimentos pela UFPel, graduada em Ciências Domésticas e Licenciatura em Economia Familiar pela UFPel.

Orcid: 0000-0003-2035-4159.

Matilde Viviana Escamilla Morón

Graduada em Química em Alimentos pela Universidad Nacional Autónoma de México.

Orcid: 0009-0004-6236-1482.

Michele Nayara Ribeiro

Doutora em Ciência dos Alimentos pela Universidade Federal de Lavras (UFLA), mestra em Ciência dos Alimentos pela UFLA, graduada em Ciências de Alimentos pela Universidade Federal de Viçosa (UFV).

Orcid: 0000-0003-1036-6551.

Roberta Bascke Santos

Doutora em Ciência e Tecnologia de Alimentos pela Universidade Federal de Pelotas (UFPel), mestra em Nutrição e Alimentos pela UFPel, graduada em Viticultura e Enologia pela UFPel.

Orcid: 0000-0002-6998-703X.

Sophia dos Santos Soares

Pós-graduanda em Ciências Sensoriais e Estudos com Consumidores pela About Solution, graduada em Química de Alimentos pela Universidade Federal de Pelotas (UFPel).

Orcid: 0009-0007-3111-1060.

Tatiane Godoy Ribeiro

Doutora em Alimentos e Nutrição pela Universidade Estadual de Campinas (Unicamp), mestra em Alimentos e Nutrição pela Unicamp, graduada em Biotecnologia pela Universidade Federal de São Carlos (UFSCAR).

Orcid: 0000-0002-1780-6567.